轻与重
FESTINA LENTE

姜丹丹 主编

蓝色人生

[法] 马丁·斯蒂芬斯 著　杨亦雨 译

Martin Steffens
La vie en bleu
Pourquoi la vie est belle même dans l'épreuve

华东师范大学出版社

华东师范大学出版社六点分社　策划

主 编 的 话

1

时下距京师同文馆设立推动西学东渐之兴起已有一百五十载。百余年来,尤其是近三十年,西学移译林林总总,汗牛充栋,累积了一代又一代中国学人从西方寻找出路的理想,以至当下中国人提出问题、关注问题、思考问题的进路和理路深受各种各样的西学所规定,而由此引发的新问题也往往被归咎于西方的影响。处在21世纪中西文化交流的新情境里,如何在译介西学时作出新的选择,又如何以新的思想姿态回应,成为我们必须重新思考的一个严峻问题。

2

自晚清以来,中国一代又一代知识分子一直面临着现代性的冲击所带来的种种尖锐的提问:传统是否构成现代化进程的障碍?在中西古今的碰撞与磨合中,重构中华文化的身份与主体性如何得以实现?"五四"新文化运动带来的"中西、古今"的对立倾向能否彻底扭转?在历经沧桑之后,当下的中国经济崛起,如何重新激发中华文化生生不息的活力?在对现代性的批判与反思中,当代西方文明形态的理想模式一再经历祛魅,西方对中国的意义已然发生结构性的改变。但问题是:以何种态度应答这一改变?

中华文化的复兴,召唤对新时代所提出的精神挑战的深刻自觉,与此同时,也需要在更广阔、更细致的层面上展开文化的互动,在更深入、更充盈的跨文化思考中重建经典,既包括对古典的历史文化资源的梳理与考察,也包含对已成为古典的"现代经典"的体认与奠定。

面对种种历史危机与社会转型,欧洲学人选择一次又一次地重新解读欧洲的经典,既谦卑地尊重历史文化的真理内涵,又有抱负地重新连结文明的精神巨链,从当代问题出发,进行批判性重建。这种重新出发和叩问的勇气,值得借鉴。

3

一只螃蟹,一只蝴蝶,铸型了古罗马皇帝奥古斯都的一枚金币图案,象征一个明君应具备的双重品质,演绎了奥古斯都的座右铭:"FESTINA LENTE"(慢慢地,快进)。我们化用为"轻与重"文丛的图标,旨在传递这种悠远的隐喻:轻与重,或曰:快与慢。

轻,则快,隐喻思想灵动自由;重,则慢,象征诗意栖息大地。蝴蝶之轻灵,宛如对思想芬芳的追逐,朝圣"空气的神灵";螃蟹之沉稳,恰似对文化土壤的立足,依托"土地的重量"。

在文艺复兴时期的人文主义那里,这种悖论演绎出一种智慧:审慎的精神与平衡的探求。思想的表达和传播，快者，易乱；慢者，易坠。故既要审慎，又求平衡。在此，可这样领会：该快时当快，坚守一种持续不断的开拓与创造；该慢时宜慢，保有一份不可或缺的耐心沉潜与深耕。用不逃避重负的态度面向传统耕耘与劳作，期待思想的轻盈转化与超越。

4

"轻与重"文丛，特别注重选择在欧洲（德法尤甚）与主流思想形态相平行的一种称作 essai（随笔）的文本。Essai 的词源有"平衡"（exagium）的涵义，也与考量、检验（examen）的精细联结在一起，且隐含"尝试"的意味。

这种文本孕育出的思想表达形态，承袭了从蒙田、帕斯卡尔到卢梭、尼采的传统，在 20 世纪，经过从本雅明到阿多诺，从柏格森到萨特、罗兰·巴特、福柯等诸位思想大师的传承，发展为一种富有活力的知性实践，形成一种求索和传达真理的风格。Essai，远不只是一种书写的风格，也成为一种思考与存在的方式。既体现思索个体的主体性与节奏,又承载历史文化的积淀与转化,融思辨与感触、考证与诠释为一炉。

选择这样的文本,意在不渲染一种思潮、不言说一套学说或理论,而是传达西方学人如何在错综复杂的问题场域提问和解析,进而透彻理解西方学人对自身历史文化的自觉,对自身文明既自信又质疑、既肯定又批判的根本所在,而这恰恰是汉语学界还需要深思的。

提供这样的思想文化资源,旨在分享西方学者深入认知与解读欧洲经典的各种方式与问题意识,引领中国读者进一步思索传统与现代、古典文化与当代处境的复杂关系,进而为汉语学界重返中国经典研究、回应西方的经典重建做好更坚实的准备,为文化之间的平等对话创造可能性的条件。

是为序。

姜丹丹(Dandan Jiang)
何乏笔(Fabian Heubel)
2012年7月

目 录

开篇 / 1
1 把生活当成一门艺术 /13
2 眼泪! /51
3 给时间一些时间 / 79
4 分辨的时刻 / 109
5 拥抱磨难 / 141
尾声　蓝色的眼神 / 175

开 篇

钢琴课

在考验面前,人们总会感到恐慌。
如何换一种方式来应对眼前的一切?

事实上,勇气并不意味着无所畏惧——无所畏惧是鲁莽,而非勇气。勇气意味着直面恐惧,克服困难。所以,我们要做的不是惧怕困难,而是试图远离这种恐惧。不难发现,过分恐慌会让我们在既得的幸福前患得患失,整日焦虑紧张,封闭自我,阻断未来一切可能。

想象一下:您正在聆听一位钢琴大师的演奏。为了这场音乐会,全城民众几乎全部出动。男士们穿上体面的西装,女士们则精心装扮,竞相争妍。钢琴家为听众弹奏了几段肖邦的《夜曲》,表演精彩绝伦。整个音乐厅随着旋律的起伏,沉浸在美妙的音乐中……突然,一个四五岁的孩子闯入舞台。只见他一路小跑,来到钢琴之前,学着台上先生的样子,轻轻地敲打琴键。所有的听众都感到很惊讶。钢琴家会如何应对?换做我们自己,又会如何处理?

通常情况下,我们会走到孩子那里,把他带回父母身边,因为我们无法接受一种叫"困窘"的东西出现在生活中,听任其打破惯例,引起混乱。然而,如果人们放任孩子笨拙地敲打琴键,这是否明智?或者,由于担心孩子不服管束而坐视不管,这是否更为妥当?答案显然是否定的。在这里,孩子象征困窘。面对困窘,我们应该直面考验,而非任其发展。

钢琴师巧妙地找到了解决方法:他坐到孩子身旁,越过他的肩膀,在孩子不着调的旋律基础上,即兴弹奏了一首新的曲调。为的是重组这些变调的音符,再次谱写一曲和谐的旋律。毋庸置疑,相比按照乐谱弹奏,即兴创作曲调需要展示更多技巧,甚而施展全方面的才华。

回归日常生活,我们就像这位钢琴家一样,在无常的命运中,经受各种挫折。上苍总为我们设下各种困境,似乎幸福从未降临……然而,这些挫折和际遇却让我们有机会展示自己最好的一面,向旁人和生活证明自己的潜力与能量。

在这本书中,我试图告诉读者:如果我们能够笑对苦难,必将收获生命的馈赠。因为,直面挫折的经历会将我们塑造成生活的能手。所以,当遇到重大磨难或微小障碍时,我们无需否定生活,而应当借此机会向生活展现自己的忠心。事实上,笑对考验是一种爱的证明。

将考验化成文字……

写到这里,我不由自问:我是否有资格和你们谈论挫折?我是否比你们更理解其后的深意?我还不到四十岁,从事自己热爱的事业,被亲友的爱所环绕。在这样的背景下,我又怎能向你们传授技艺?

事实上,我并无任何说教之意,只是想试着帮助你们理解何为挫折,为何它总在人成长之路上与我们不期而遇。另外,我也想与读者探讨如何通过挫折来构建幸福的人生。这里,我想提醒大家一下,我将以一种特殊的语调与你们谈论这件微妙、未知的事。不是高高在上,站在讲台上漠然讲课的教授所常用的语调……而更倾向于一位普通教师的语调。这里所说的"教师",指的是其字面意义,即"记号转换"的实施者①。作为一名教师,不论他是哲学家、小说家或理疗师,都有将或

---

① "教师"的法语原文为"enseignant",而"enseigne"又有"记号转换"之意。——译注

悲或喜的人生体验转化为文字的能力,供听者谈论。

　　谈论某事,意味着冲破幽暗的世界,在艰难的现世中开辟一条道路,用以沟通与对话。诉说困难,道出痛苦,能够帮助我们挣脱考验所带来的禁锢。教师不会做任何评论,也不会提出所谓好的建议。他只会搜寻妥当的词汇,来引导学生不断思考。这些词汇就像黑暗中的点点星光,告诉我们黑夜终将过去,黎明就在眼前。

　　不得不承认,我并不是主讲这门关于挫折课程的最优人选。当然,同样也不是最差之选:在我们中间,谁又未曾经受过现实的打击,在命运的巨大推动下,放弃欲望、计划和梦想?说到痛苦,谁又没有几句话想说呢?我们就像那些旧时的佣工,为了抬高自己的价格,故意露出手臂、脖颈或胯部的伤疤。这些深刻在皮肤上的印记是他们坚韧品质的最好证明。谁的身上没有类似的伤疤呢?

　　毋庸置疑,每个人都会遇到考验,陷入困境。作为一个普通人,我们都有一副有待拯救的皮囊,一颗跳动的心和一个平凡的大脑。在这样的情况下,所有人都有资格谈论挫折。

……将文字化为挫折

　　我突然想到一个问题,谈论挫折的前提在于不再受其干扰。事实上,当我们谈论某事时,意味着已与此事拉开距离。不然的话,单纯的谈论会沦为抱怨、呻吟、怒吼。所以,只有当我们退后一步时,才能理性看待痛苦。当然,人们很难在当下理清思路。当我们身处风暴,被风浪肆意摆布时,真的可以平静听取内心的声音吗?如果苦难能够慷慨地让我们喘一口气(就像演出间隙,工作人员在让观众归位之前,总让他们先放松一段时间),我们在谈论苦难时是否会换一套说辞。然而,世上并无这样的美事,苦难从不会为我们着想。

不过转念一想,事情也并非如此绝对。举个例子,当人们心情沉重地参加一场葬礼时,总能在不经意间瞥见明媚的阳光,路人的微笑,听见鸟儿的歌唱。这时,悲伤的情绪会暂时缓解。这就好像在人生这场战役中,总有休战的时刻。不难发现,独自哀伤是件费神劳心的事,人们需要养精蓄锐,为的是再次回到"悲伤的现场",依靠热泪来表达对故人的怀念。事实上,这些喘息的时刻,也是自省总结的最佳时机。在此期间,人们经常扪心自问:这一切看似如此荒唐,到底有无坚持的意义?另外,与清醒的局外人交谈也不失为一种好的选择。他们会鼓励你克服困难,并给予相应的指导。作为置身事外的看客,他们常能跳出当事人深陷的泥潭,用妥当的语言给出精准的判断。而对于苦苦挣扎、力免溺亡的当事人来说,他们只希望对岸的看客能够将心比心,而非轻描淡写地说一句"加油,坚强点!"后,心满意足地离开岸边。

所以,从一方面来讲,书写一本关于对抗逆境的书很有必要:在生命的艰难时刻,它总能在某种程度上为我们指明前进的道路。可从另一方面看,这类书籍其实并无出版的必要。我常常想起《圣经》中拉结的形象。书中记载她痛失爱子,却拒绝接受任何安慰。在拉丁语中"Noluit consolari"表达的就是类似意思:那些安慰的话语真正安慰的只有那些说的人!真希望那些"职业安慰家",哲学家或神学家,心理学家或理疗师能够离拉结远一些,别再鼓励她耐心、坚韧!当我们经历磨难……更确切地说,当磨难像一支快箭射在我们胸口时,所有的语言都会瞬间变得空洞苍白。

空洞苍白?其实也不尽然。事实上,虽然这些言语的本意是想安慰悲伤的人群,可却经常弄巧成拙,因为这些词句显得太过充盈。在这些词句中充满好意、规劝和急切的情绪,让人窒息。换句话说,安慰的话语有时恰恰不够空洞:让人无法藏匿痛苦,表达自我。而人一旦陷入痛苦的深渊中,就会失去正常表达的能力,只会尖叫、埋怨、结巴。在这样的情况下,聆听是最好的选择。聆听意味着沉默。

所以,应该写一本懂得保持沉默的书。或者说,一本善于聆听的书。即使该书试着有所言说,也是为了要受伤的人更好地表达自己。

沉默的书

世界上真的存在"懂得聆听的书"吗？是的，因为聆听并非意味着沉默不语。面对一位正在经受考验的人，人们通常选择保持沉默。要知道，保持沉默并不等同于向沉默妥协。事实上，沉默分成两种类型："聆听型沉默"和"封闭型沉默"。当人们聆听伙伴诉说自己的不幸遭遇时，其实对方的话语正在不断被创造出新的含义。而"封闭型沉默"也与话语息息相关。因为，"封闭型沉默"本身就是话语的一部分。一个饱受痛苦的人只有通过话语，才能重获"话语的能力"，就像人们在歇息过后，才能重新均匀呼吸一样。

所以，挫折并非是一个无法言说的话题。当然，谈论挫折也会承担相应的风险（说得太多、方式欠妥等）。然而，在我看来，摒弃所有风险，将挫折与痛苦设置为一个禁忌话题，才是最大的不幸。由于愚笨，在谈论挫折时也许会引起对方不悦，或说出显得欠妥的话，但只有真正言说痛苦，才能战胜痛苦。耽于沉默，只会让历经磨难的人变得边缘化，让他人避之唯恐不及。

在这本书中，我们将会谈到身处困境的人也有找到快乐的可能。一个痛苦的人不但不会传播不幸，反而会散发出一种强大的能量。他们从生命深处汲取养料,卸下痛苦的重量。

毋庸置疑,一个受伤的人需要得到旁人的鼓励。事实上,经常鼓励他人的人也能从对方身上获得力量。您只需去看看那些守护在病人床头的护士每天充满干劲的样子便可知晓,依照惯常思维,在这些饱受折磨的病人面前,我们应该面色凝重,才可保护对方的尊严。其实并不尽然:许多痛苦的人自身都充满能量,并能感染身边的每一个人。

每当我抽出几小时,去陪伴我半身不遂的姨母时,都自认为能减轻她的病痛,沾沾自喜。可事实上,是她给我上了人生一课(也许她对此并不自知)。为了迎接我的到来,她需要花费 45 分钟时间才能套上那件过时却优雅的连衣裙。当然,她从不向我说起任何细节,可我却能想象她用自己唯一还能动弹的手,笨拙地将连衣裙上的纽扣一一扣好的情景。相形之下,作为一个身体健康、不到 40 岁的年轻人,我却总像一个白痴一样,向她抱怨各种生活的琐事。每当离开姨母简朴的住所后,我总是精神振奋,被她的勇气所感动。在我看来,她的言行就是坚韧勇敢的最好象征。是的,生活的本质常隐没于力量和快乐之中。可是,力量和快乐却常与我们擦肩而过。

我将在后面的章节中试图探讨"困境中的快乐"。毫无疑问,这是一项有趣却艰巨的任务。也许我会"说出一些不合时宜的话"(就像有人唱歌会走调一样)。这时,就是你们畅所欲言的时候。那些我没有理解透,表达不清晰的地方,你们可以补充。阅读书籍的真谛在于:读者可以合上书本,将其放在一边,然后再重新阅读。而作者也从不独占发言权,在读者面前显得温良谦逊。他将发言权交到读者手中,自己则静静地坐在一边,陷入沉思。当人们阅读完毕,书籍会礼貌地自动合上,就好像在说:"现在轮到您了。"更确切地说:"现在,轮到您说了。"

* * *

另外,我们将试图定义何为**经历磨难的艺术**。需要肯定的是,这门艺术首先是一门生活的艺术,而非对不幸的卑微屈服。换句话说,历经磨难意味着在高高低低的人生起伏中,我们能够始终对生命和万物抱有开放的态度。另外,"生活艺术"中的"生活"指的并不是一帆风顺、毫无波澜的人生轨迹。因为,所有人都会在生活中碰到需要克服的困难,需要在不和谐音符出现时,即兴谱写新的乐章。

当第一章论述完这些观点以后,我们将会阐述:在面对挫折时,我们首先要做的就是承认自己暂时失败。这个观点看似怪异,却又引人入胜。具体来说,要想走出困境,首先要抛开克服困难的执念,尽情喊叫、哭泣、抗争,而非突然彻悟或

"绝地反弹"。这些说法恰恰和那些"职业安慰家"的想法背道而驰。

所以,当我们身处困境之时,首先需要唤醒的不是理性和意志,而是耐心。人们应当尽力忘却过去,投身未来。关于这一点,我们将在第三章中详尽展开。事实上,只有当我们喊叫、哭泣、挣扎过后,才能重获分辨的能力。在第四章中,我们将着力探讨如何依靠自己的辨析能力,来判断究竟能对生活抱有何种期待。如果能在历练过后快速成长,我们也算没有白白经受一次伤害。

在第五章中,我们将试图揭示何为"挫折的逻辑",为何挫折也是生活中的一件必需品。知晓这些以后,读者就会明白:作为考验,挫折本身并非我们真正的敌人。我们真正需要对抗的是一帆风顺的生活所展现出的虚假状态。

要而言之,喊叫、等待、分辨、抗争,这就是看待蓝色人生的本质所在。是的,如果少了"看待"这个动作,这项"浩大的工程"终将残缺。何为"看待"蓝色人生?我们将在尾声部分阐述以下观点:在面对挫折时,人们应当以一种清醒、愉悦的眼光,不卑不亢地看待痛苦。同时,人们也应当学会享受自己的人生,还原其绚烂夺目的色彩。

1

把生活当成一门艺术

抛开、和……一起、从……出发

在即兴戏剧中,只有一条需要遵循的规律:当人们要求您演出时,不要拒绝登台。

在日常生活中,如果您突发奇想,想要倒立行走,爬上窗帘,或学习中文,没有人会阻拦您。然而,细想一下,这些想法往往来自于某个特定的情景。"您在路上碰到一个人,他伸手向您要了300欧元。惊讶之余,您认出这个衣衫褴褛的人是您的亲兄弟。而他,并未认出您是谁。"于是故事开始,"演员"们从这个有趣的场景中提炼相关元素,然后开始"即兴表演"。生活不就是这样的吗?每天,我们都能遇到许多无法逃开的事:恋爱,怀孕,碰上老友,从高处落下。也会思路混乱或迷茫,丢失信仰,失去祖父,遗失钥匙。我们应当学会从当下的情境出发,试着走出困局。

永远不要逃避。然而,许多人会自动将幸福与逃脱、躲避和美梦挂钩。就好像只要能够摆脱现实残酷的魔爪就能获得幸福一样。事实上,看待蓝色人生意味从生活本身寻找美好的点滴,而非抛开生活,躲避现实,以获取快乐,也不是和生活一起谋求幸福。因为,从某种程度上来说,与生活"共事"意味着一种妥协。显然,举手投降并不比逃离现实高明多少。真正正确的做法是**从生活本身出发**。生活有时无趣,有时可怖,有时充满欢笑……却从不舒适。就像我们在书的开头提到的那个钢琴家一样,在孩子胡乱敲击出的音符基础上,重新谱出优美的旋律;就像某个戏剧演员,需要拿着自己无法选择的剧本,即兴演绎各种角色。不论情况多么恼人,我们都要依照实际状况行动。换句话说,根据各种出乎意料的情况,挥别过去,重新开始,而非痛斥孩子,或放任不管。

所以,我们要学会"即兴生活",或者说,学会"驯服生活"。因为生活有时带着野性,有时又透出孩子气,让人难以把握。在这样的情况下,人们唯有手握利器去对抗生活,或彻底封闭自我,因为生活总能给我们带来太多的"惊喜"。"即兴生活"或"驯服生活"意味着无需马上理解为何事情发展到现在这一步,而是阻断威胁,敢于向生活呐喊:"你,令人讨厌的生活,你就应该站在方砖上别动!"众所周知,方砖方方正正,空间狭窄。然而,如果生活真的波澜不惊,平静地像一幅画,人们是否就会感到心满意足呢?

生活和它的三种颜色

"这没什么了不起的!"在面对厄运时,人们总会如此坚定。要知道,是否松手,完全取决于自己。如果我们把拳头捏得太紧,除了手心的汗水,我们什么也抓不住。有时,人们应当试着松开拳头,拥抱当下。事实上,大家对"carpe diem"①这句话早已烂熟于心,却很难付诸行动。尼采也曾表达过类似的意思:

> 今天,我将热情地拥抱一切,
> 即便是那些不好的事情!
> 面对盲目的人生,我已收起自己的棱角。

"这只不过是些冠冕堂皇的美丽辞藻。生活就像长满刺的灌木,让我如何拥抱当下!"正在经历磨难的人,常会这样反驳道。是的,您说得没错,但请再仔细看看这些刺。您顺着根

---

① "carpe diem"为拉丁语。意为:抓住今天,及时行乐。——译注

茎的弧线,拨开最前面的枝叶,磨难就包裹在这些枝叶里。难道您不觉得它像一朵玫瑰吗?

这是一朵蓝色的玫瑰。远远看去,这朵玫瑰外包裹着蜜糖,周边播放着动人歌曲,就像圣瓦伦丁的迷人玫瑰。可事实上,这并不是一朵真正的玫瑰。一不小心,"玫瑰"上的刺会割破你的手指,淌下鲜血。人们常说要"将生活当成一朵玫瑰"(即乐观看待生活)。然而,玫瑰色只是一种"褪色的红"。用专家的话说,是一种"未饱和红"。所以,玫瑰并非生活本身,而是生活苍白的副本。当然,如果你愿意的话,可以在玫瑰色中加入一些纯正的颜色。这样一来,就可以调配出一种特殊的粉色。就像三十年代流行的一种粉色镇定药片,一看到这种粉色,患者仿佛伸手就能抓住幸福。

简而言之,我们不应当把生活当成一朵玫瑰。因为,如果人们把生活想得过于美好,认为幸福唾手可得,人生没有困苦和磨难,那么一旦幻想破灭,人们很容易陷入无尽的深渊。阿尔弗雷德·德·缪塞[①]曾经说过:"生活就像一朵玫瑰,每一片花瓣都是一个幻想,而每一根尖刺则是一个现实。"毋庸置疑,从遐想的高处跌落,是最惨痛的经历。同样,从天堂到地

[①] 阿尔弗雷德·德·缪塞(Alfred de Musset, 1810—1857),法国著名小说家、诗人、剧作家。——译注

狱,有时只需短短几个瞬间。不难想象,一个对生活失望透顶的人,极有可能产生悲观厌世的情绪,从而放弃追求幸福的可能。他们甚至会将这种情绪当成一种幽默。罗马尼亚哲学家萧沆①曾犀利地说过这样的话:"如果谁不认为死亡是玫瑰色的话,那他一定患有心灵色盲症。"

针对萧沆的观点,我认为所有人都无需刻意抹黑生活,也无需过度将之美化。事实上,我并不认同萧沆的观点。在他看来,生活就像一个黑洞,一场漫长的煎熬,死亡则是一种解脱,"一件玫瑰般的美事"。我之所以不认同他的观点,是因为我从不认为生活是玫瑰色的……而是蓝色的。其实,生活就像每天早晨迎来的崭新一天,会发生许多无法预料的事情。我们必须清醒地意识到这个世界并不完美。生活本身并无道理可循,它更像是一种行动的召唤。是的,生活是蓝色的:只有勇于面对挑战的人才能体会生活的真谛。

有时,当孩子从学校归来时,身上带着些伤疤,我们会感到很自豪。因为"身上带有淤青"意味着他们全情投入生活,在身体上留下印记,在脑中留下鲜活真实的回忆。我想,这就是蓝色人生,就像那些淤青,就像一首失败的赞歌。如果我们

---

① 萧沆(Emil Cioran, 1911—1995),也译作齐奥朗,是罗马尼亚裔旅法哲人。他是20世纪著名怀疑论、虚无主义哲学家,以文辞新奇、思想深邃、激烈见称。——译注

以一声啼哭开启生命之旅,那么这声啼哭也可变为一曲美妙的乐章。毋庸置疑,我们要带着对生命的渴求及宽广的胸襟看待蓝色人生:蓝色是天空和大海的颜色,也是克里斯托弗·哥伦布眼睛的颜色。同样,当我们接受挑战,塑造自我之时,映照在天空和海洋中的倒影也是蓝色的。

通常,和那些天真烂漫的姑娘相比,人们往往更偏爱那些不轻易妥协的男孩。因为,生活需要的是勇士,而非梦想家。不论男孩还是女孩,男人还是女人,都需要拥有些"阳刚之气"。这里的"阳刚之气"指的并不仅仅是男性气概,而是一种生活的品味。换句话说,无论身处何种境地,拥有"阳刚之气"的人都能够鼓起勇气,赋予生活以新的力量,做出最佳选择。

积极的清醒

写到这里,也许我会同意一些悲观者的看法,认为生活艰难。然而,和他们不同的是,我依然坚持相信对抗生活的挑战是一种积极的态度。通常,悲观者厌世阴郁,却自认为比那些幸福的人更为清醒。殊不知,清醒也可转化为积极的能量。有些人认为生活中只有自私、暴力、失望……,并自诩为"现实主义者",我认为这种想法十分可笑。因为,作为一个"现实主义者",应尽可能忠实地还原事实本来的面目。不得不承认,生活很残酷,却同时充满各种难以抗拒的承诺。生活是孤独的,可我们身边却时常被友人环绕;生活充满烦恼,却也充满孩子纯真的笑声;生活中有交通堵塞时恼人的喇叭声,也有莫扎特谱写的动人乐章……是的,我们确实需要保持清醒:然而清醒并不是一道投射在众人身上的刺眼之光,只会挖掘缺点,让人失望。清醒应与现实保持一致,所谓现实,当然也包括那些生活中的闪光点。当一个愤世嫉俗的人决定诋毁这个世界时,一个真正的现实主义者应当清醒地认可生活的价值,认清世界之美。

总的来说,那些悲观者、玩世不恭者和"现实主义者"都显得有些小题大做。萧沆在《诞生之不便》一书中写道:"出生会打破原有的宁和状态,不管不顾地将人们置于眼泪汇成的河谷之中;只要一想到无需降临人世,我就感到无比幸福、自由、豁达!"看到这里,也许你会问,萧沆为何不自杀呢?回答:当人们想要自杀时,往往为时已晚。按照萧沆的说法,人们应该在诞生之初就选择自杀。事实上,我们根本就没有必要自杀,生活已经足够艰难,为何还要让自己受到额外的伤害?

依我个人之见,在萧沆极端的言语中,我看到一些鼓舞人心,甚至是柔软的内容。这位活跃于 20 世纪的哲学家从未在那个时代找到自己真正的位置(即便这位来自罗马尼亚的哲人熟练使用我们的语言)。尼采曾经写道:"一张美丽的纸页,虽然常与生活较劲,却总能吸引我们更加珍惜生活。"最后,我想重申一点:萧沆反对混沌无知的乐观,这点我十分认同。确实,生活并非是玫瑰色的。然而,这并不是一个非黑即白的世界,生活不是玫瑰色,难道就是压抑的黑色吗?

另外,萧沆曾经写下过这样的话:"犯下所有罪行,除了成为父亲。"从一方面看,我很赞同这句话,但从另一方面看,我又认为这是一句极其荒唐的话。我同意成为父亲确实是一桩罪行(这个想法与那些头脑简单的理想主义者的看法恰恰相反),因为赋予生命同时也意味着赋予死亡。具体来说,人们赋予一个终将凋零的个体以生命。即使抛开死亡不谈,成为父亲意味着将孩子丢入一个充满磨难的世界,逼迫他努力投身于战斗之中。正如马可·奥勒留[①]在《沉思录》中曾写道:"生活的艺术更接近于一场战斗而非一段舞蹈。我们需要时刻准备抵抗命运出其不意的击打,不得埋怨。"是的,一个父亲应该清醒地意识到"生活是蓝色的",没有艰难和险阻,生活就不再具有任何意义。

然而,出于以上理由,难道人们就不该赋予孩子以生命吗? 在这个问题上,我不再同意萧沆的观点。相反,我与他的

[①] 马可·奥勒留(Marcus Aurelius,121—180),古罗马思想家、哲学家。他于公元 161 年至 180 年担任罗马帝国皇帝,其代表作品有《沉思录》等。——译注

看法背道而驰。萧沆认为:"犯下所有罪行,除了成为父亲。"而我则要说:"除了成为父亲,不犯下任何罪行。"是的,"没有犯下任何罪行!"人们不断抗争,为的是让自己及他人的生活受到保护,收获珍惜。如果要在这些磨难上再加入罪行(用萧沆的话讲"所有罪行"),这不是头脑清醒的表现,而是受虐与施虐心态的爆发。事实上,虽然萧沆言语尖刻,可却从未伤害任何生灵。由此可见,他所说的"犯下所有罪行",更倾向于一种唯美主义者的处事态度。

这就是我支持的"现实主义"观点:除了成为父亲,赋予孩子充满风险、波澜起伏的生命之外,不犯下任何罪行。人的生命美丽又可怖,就像一杯醇厚的咖啡,或是一瓶让人热血沸腾的烈酒。我认为,这才是最具勇气的清醒意识。虽然人们常说:"这个世界并不完美。"可拒绝赋予孩子生命,并不是热爱生活的表现。相反,这只能表明这份热爱已经减半。换句话说,这份热爱是建立在某些条件之上的。

通常来讲,如果人们等着集齐条件,才做某事的话,那将永远一事无成,甚至往往产生相反的效应。因为我们只有在决定做某事时,才会想到促成这件事的种种条件。就现在的例子来看,我们只是因为有了孩子,才希望世界成为一片宜人的乐土。如果世界上只留下我们,并且人类不再有任何繁衍的可能,那么,人们将失去一个照料地球的重要理由。是的,孩子不但影响了那些钢琴家,他还要求我们把眼光放得更加长远一些,无条件地热爱生活。如果孩子的诞生真是一桩罪行,那么真正置他们于死地的是我们"减半的爱",或者说是我们对于无条件拥抱生活的畏惧感。

洛奇·瓦伦丁的奇妙冒险

让我们一起再深入探讨一下这个话题。毋庸置疑,每个人都希望自己的一生都不要遇上任何磨难。然而,一旦愿望成真,美梦又将变成噩梦。事实上,没有什么比波澜不惊的生活更令人难以忍受。关于这一点,美国黑白电视剧《阴阳魔界》(法译名为《第四种空间》)[①]中的一集就很好地说明了这一点。这集电视剧名为《一个好去处》,讲的是一桩盗窃案件。案件的主犯名叫亨利·弗朗西斯·瓦伦丁,又名洛奇。他在口袋里放满珠宝,殊不知门房已经发现了他。突然,警铃响起,洛奇仓皇而逃,却遇上迎面追来的警察。双方拔枪对抗,很快洛奇便倒在了地上……几分钟后,一位身着白衣的白胡

---

① 感谢阿莫里神父提供的信息。我们可以在法布里斯·阿德杰德撰写的《扰人的快乐》(巴黎,瑟伊出版社,2011年出版)一书中读到一段关于这集电视剧的评论(这段评论在《门前天堂》一章中),不过他的分析角度和我的不太一样。——原注

子老人将洛奇扶起。他神情愉悦,脸上还带着些调皮的表情,也知道洛奇的名字。"您是警察吗?"洛奇紧张地问道。"不是,我是您在这个世界上的向导。"白衣老人高兴地回答道。

洛奇用了很长时间才恢复记忆,并真正理解老人说话的含义。在白衣老人的帮助下,所有事情都进行得如此顺利:彩票中奖,能和所有喜欢的美女上床,可以随意打骂警察,而不受到任何惩罚。他慢慢回想起那天与警察的枪战以及射入背部的子弹……洛奇终于明白自己已经死去,此刻正生活在天堂中。知道这一切后,洛奇不由心花怒放,更加放纵自己:喝更多的酒,交往更多更美貌的女人,尽情生活。一切都顺着他的心意行事。就像在一座永恒的游乐园中,洛奇既是经营者又是游客,园中的一切都按照他的喜好存在着。

然而,这个世界中别无他人,没有一点变化。虽然洛奇时刻被女人围绕,可这些女人没有灵魂,任人摆布。除了身体上的欲望,洛奇对她们没有其他感受。在他眼中,她们就像那些从造币机里流出的钱币,如流水般倾泻不止。

"怎么? 难道这就是我想要的吗?"洛奇忧心忡忡地想道。此时,白衣老人关切地安慰他:只要洛奇想,他可以在生活中加入一些未知的部分,一切都能按照他的想法量身定制。比如在赌博的时候,不会每次都赢,或在他的生活中加入一些"猛料"。他甚至还能造出一些不那么容易驯服的女孩。总之,洛奇的愿望,白衣老人都能为他实现。

洛奇所经历的一切,难道不是所有人最大的梦想吗？为何我们终生努力挣钱？难道不是为了消除一切磨难,在世间的事和物上拥有绝对权力吗？在今天这个社会,金钱可以办成所有的事情,买到所有的东西(或者"几乎"可以)。换句话说,金钱能让我们独处于世,满足自己所有的欲望。在这样的情况下,洛奇还有什么可抱怨的呢？也许,他缺失了某样东西。是否是缺失自我？在他的内心深处,是否感到落寞,想成为他人？这种内心的渴望也被称作是"爱",或者说是一种希望成为他者的需要,因为人们总是无法满足于自己所构筑的幻景。

洛奇面露尴尬,向白衣老人承认道:"您知道吗？我想,天堂的生活也许并不适合我。我可以前往其他地方吗？"白衣老人听罢,先是悠悠一笑,随后回答道:"谁告诉您这里是天堂了？这里只是'别处'罢了。"

磨难的天堂

假设上天为你消除一切磨难,你可以随意安排自己的生活,收获"量身定做"的生活方式(虽然量身定做并不是一种大气的做法)……你会发现这样的世界将如同地狱般可怕:因为一切都按照我们的欲望、怪癖、占有欲和贪念运行。从表面上看,这是人人都向往的完美境界,可最终,你会像洛奇·瓦伦丁一样偏爱那个女人会抗争、人人都有优缺点、意外经常降临、人们常会在赌场输钱的那个世界。有趣的是,虽然人们终其一生都想让自己的生活空间与欲望相适应,而当这种适应一旦完成,我们生活变得美满之时,又会不可避免地感到一阵空虚。

所以,每当命运向我抗争之时,都能提醒我这是一个广博的世界,这真让我感到如释重负!试想,如果这个世界以我为中心,那将显得何等的偏狭。是的,有时我自己就很偏狭:以自我为中心,在自己打的死结中无法脱身!然而,正因为世界的边界如此辽阔,它的中心才会显得遥不可及、充满神秘感,阻止人们过于自我,从而达成一种分享的可能。在这样的背景下,磨难(无论是一个向你说不的女人,还是拒绝吐出钱币的机器)就像是一针提醒剂,告诉人们:我不是这个世界的中心。

洛奇·瓦伦丁的故事让我想到另一则故事。事情发生在13世纪末,在一条通往阿维尼翁的路上,一位僧人弓着背站在一个石制的十字架前拿着念珠祷告。一位强盗碰巧路过,他骑在一匹强壮的马上,这是他刚刚掠夺的战利品。掠夺的地点是在一个村庄里,那里曾住着两户人家,两户人家的父亲都被强盗残忍杀害。回想起当时惨烈的场面,强盗不禁动了恻隐之心,想通过某些行为来弥补自己的罪行。

　　强盗越想越后悔,忍不住调转方向,骑马停在僧人的身旁,向他喊道:"你,上帝派来的使者,我想和你谈谈。"僧人不为所动,继续拨弄念珠。"这个老头,是聋了还是怎么了?"僧人还是一动不动。他穿着一件棕色粗呢外衣,远远望去,就像一堆粪便。要不是僧人嘴中微微发出祷告的声响,人们无法分辨他到底在做什么。终于,祷告完毕。他从棕色外衣里透出脑袋,就像一只狐狸从洞穴中伸出头一样,说了句:"有人叫我吗?""当然有人叫你!"强盗怒吼道。僧人一下站直身体,微笑着说道:"我的兄弟,请说!""老东西,收起你假惺惺的态度,要知道,我只有血缘上的兄弟,我之所以用自己宝贵的时间打断你的冥想,是想让你和我说说天堂和地狱。"强盗反驳道。僧人凝望着这个因为害怕受到终极惩罚,而在疯狂掠夺的道路上停住脚步的强盗,平静地说道:"你这样的人怎么会让我和你谈论天堂和地狱?你口中发臭,鼻子长得如此可笑,我想,一个稍有品味的姑娘情愿嫁给你的坐骑也不愿嫁给你。你这样一个浑身发臭、唱歌走调的人竟然也想让我来指导你!"强盗再也听不下去,拔出剑,正准备砍去僧人头颅时,听到对方一字一顿,清楚地说道:"你看,这就是地狱。"强盗吃了一惊,没想到这位矮小的僧人竟然冒着生命危险告诉自己何为地狱。想到这里,强盗不禁流下感激的泪水。此时,僧人补充道:"而这,就是天堂。"

无比接近

也许,我们应该将萨特的名句颠倒过来:"他人非地狱,封闭才是地狱。"换句话说,地狱是强盗眼中的世界,所有的一切都亏欠他。或是洛奇·瓦伦丁的噩梦,万物皆沦为工具。地狱就是将自己设为世界的中心,一旦违背心意,就不断抱怨。相反,天堂则藏匿在感恩的愉悦之中。如果一个人意识到自己对父母、孩子、让火车准点进站的陌生人抱有亏欠,充满感激,那他一定是一个幸福的人……有时,他们甚至会对那些与自己毫无关联的人充满感激,感谢他们未给自己增添任何负担。一旦拥有这种心态,他们便能享受简单的生活,即使在路边,在窗下看到一位素未谋面,却神情愉悦的人,就能感到很快乐。

这样看来,我们应当在身边找寻生活的艺术,无需到远方经历磨难。考验的形式多种多样:至亲离世、空虚、命运的打击……事实上,考验就在身边,比如我们对门的邻居。这也是为什么 G.K.切斯特顿[①]会为这群令人不悦的群体唱诵赞歌。

---

① G.K.切斯特顿(Gilbert Keith Chesterton,1874—1936),英国作家、文学评论家,被誉为"悖论王子"。主要作品有:《布朗神父探案》等。——译注

什么？要我为邻居唱赞歌？挽歌还差不多！如果真有那么一天的话，至少可以确定他已经搬走了……

然而，切斯特顿称颂邻居时态度真诚，没有任何嘲讽之意。这位作家活跃于20世纪初，秉承了英国人特有的幽默和优雅，善于描绘小群体（家庭、村庄、部落、修道院）的生活风貌。在他看来，生活在小群体中很容易受到他人所带来的考验。相反，城市越大，人们越可以自由选择身边的同伴。不难发现，我们常会选择自己的同类，或"与我有相似之处"的人打交道。这也是为何在大城市中经常会出现各种"帮派"。切斯特顿认为，"帮派"和"团体"有着本质的差别。在一个"帮派"中，人们之所以聚集在一起是因为彼此之间有相似之处。然而："同属一个团体的人，虽然表面上都穿着同样的苏格兰短裙，来自同一片土地。可在内心深处，伴随各种天赐的巧合，他们身上的颜色要比任何一块苏格兰布料都更为丰富。"

"天赐的巧合"即神意，令人难以预料。具体来说，"天赐的巧合"即是一种神的旨意，代表不可知性，同时也是可见、可预测的（根据词源学的理论便可知晓这一点）[①]。也就是说，上帝在创造这个世界时预见到"无法预见所有事情"这个事

[①] "神意"的法语原为"Providence"。前缀"pro"有先见、可知之意，而"vidence"则意为存在的证据。——译注

实。事实上,巧合并不会打乱世间的秩序,反而会让这个世界变得更加有趣。通常,神意的特性在于能够掌控人类各种奇妙的经历。而巧合与这种特性并不相悖,相反,它证实了这种特性存在的必要性。因为,没有巧合,就没有真正的相遇。借用狄德罗名作《宿命论者让·雅克和他的主人》开篇第一句话:"他们是如何相遇的?和所有人一样,因为巧合。"

是的,正因为这些相遇,才让我们的生活变得像一个故事,一部小说那样充满悬念和波折。如果生活中失去巧合,那我们永远只能与自己相遇。如果在一个家庭中所有的事情都已被确定,或者人们可以通过付费,来委托一家机构寻找能够与自己"兼容"的合作伙伴,那将是一件多么令人沮丧的事。关于这一点,切斯特顿也曾说过:"我看到过许多幸福的婚姻,却从没看到过完全契合的婚姻。"首先,性别差距就是夫妻间最大的差别。女人也许会认为男人的某些行为十分怪异,反之亦然。所以,只有依靠巧合,男女双方才能真正相遇。

巧合的高度

"巧合的高度",是的,巧合确实可以通过考验让我们成长。事实上,天赐的巧合把"身边人"带到我们眼前,让我们经受各种考验。"谁是我的身边人呢?"一位法学家真诚地向上帝问道。其实,答案非常简单:他们是与你共进早餐的妻子,是住在楼上的舅公,或是那个老是谈论自己猫的波兰邻居。毋庸置疑,我们无需前往远方去寻找身边的人,因为相距太远的人会显得过于抽象。也正是出于这个原因,欣赏世界另一端的人很容易……而热爱自己楼道、餐桌、床边的"邻居"却很难。

在我看来,身边人比那些闪着人性之光的人更为有趣。因为他们是一群真实存在的个体,有自己的性情、气息和无尽的故事。这也是为什么上帝要求我们"像爱自己一样爱他人"。具体来说,如果一个人不爱舅公或邻居,那么从本质上来看,他真正无法接受的是自己的缺陷、愚笨和压力。反之亦然,如果你无法学会怎样爱自己,无法接受真实的自己,那么也同样无法忍受真实的他人。有时,我们自认为创造了一个"理想的我",或某个抽象的个体,却在内心深处鄙视这样的做法。让-雅克·卢梭和切斯特顿观点一致,曾说过:"社会关系铺得越开,人们就越感到轻松。那些所谓的世界主义者,看似崇尚人性,自称热爱每一个人,其实只不过是给自己不爱任何人找理由罢了。"

真正的冒险

在失败的经历中看透生活的本质,这是磨难向每个人发起的挑战。真正的勇气是成为一个活在"此刻和此地"的人。

如今,很多人认为只有通过旅行,或前往世界另一端才能感受到理想中的人道主义,才能逃离眼下琐碎的生活。事实上,旅行并不能为我们打开另一个世界,因为在世界另一端,那些当地人就像人们绘制的明信片一样平淡无奇。

不管怎样,他们的特殊之处不应该超越《旅行者指南》所描绘的样子。如果这个国家确实特征明显,旅行指南也会宽慰读者,比如:爱尔兰人思想越来越现代,不再是狂热的天主教信徒;印度的公共交通快速发展;俄国已经成为一个"与我们一样"的国家,一个遵守道德,自由民主,幸福放松的国家。那么,到底何为一个真正的旅游国家?难道那些国家的居民形象一定要符合我们头脑中的既定印象?当人们历经文化冲击,与他们逐渐相熟,慢慢接受他们本真的样子,成为他们的近邻或身边人之时,这个国家的魅力也随之消退。因为它不再是我们理想中的形象,我们要学着爱上它最真实的状态。

事实上,真正的狂野、冒险或磨难常与舅舅、艾德莫威兹太太和她的六只猫有关。有时,冒险的边境也许只是一张自制的馅饼或家庭的轮廓。通常,一天中最大的悬念就是给已经听不太清的查尔斯爷爷打一个电话。这是一场关于爱的冒险,需要和身边人共同完成,因为这份爱本来就来自于他们。

冒险！我有些夸大其词，不是吗？完全没有。要知道，真正的冒险在于我们没有选择的权利。确实，人们无法选择自己的邻居或祖父。冒险就是当命运降临时，我们勇敢面对。就像某天一个婴儿降临人世，成为某个家庭的新成员，但却无法在出生前选择降临在在哪个家庭。当他看见周围人咧着嘴迎接他，神情兴奋，几近癫狂时，便会不由在心里默念道："我需要慢慢适应这样的生活。"事实上，学会爱的过程非常漫长、艰辛却又美好。如果一个婴儿睡眠很好，那说明他正在努力学会爱。不可否认，家庭是一个沉重的词汇，就像真实的人性一样，与那些遐想截然不同。通常来讲，那些不热爱自己家庭的人，很少能成为真正的人道主义者。

所有的磨难都不容忽视

虽然磨难有大小之分，但我想说，所有的磨难都不容小觑。我是否遗失了自己的钥匙？此时，需要我保持镇定，耐心面对这个棘手的状况，而非在这桩无足轻重的小事前，失去风度。比如，向自己的孩子大发雷霆。实际情况很可能是：其实是自己将钥匙包忘在刚换下的外套口袋里，孩子对此一无所知。尚福伯爵曾经写道："在大事面前，人们总是表现出与自己身份相符的样子。而在小事面前,却常表露出自己最真实的一面。"在普通司机眼中,一个在镜头前维护人权的人,显得无趣可笑。然而,如果我们无法在小事中展现宽广的胸怀,那在遇到大事时,也必将遭受失败。具体来说,当你在心情挫败时能够不迁怒于孩子,则也许有一天,就能为一个无辜者正名。事实上,每个人都能知道,自己心灵上的变化常来源于身边的小事。比如,洗完碗之后从苦役中解放出的愉悦感,精心烹制蛋糕之后的成就感,等等。

与一些沉重的磨难相比,有些挫折确实显得很琐细,但是,所有的考验都不容忽视。战争的爆发往往来自于一些矛盾的积累,比如邻里之间积下的怨气。佛罗伦萨的伟大哲学家、政治科学之父马基雅维利曾指出,在城邦生活中,常有两种"心态":一种是强者心态,他们追求的是荣耀和权力;另一种是臣民心态,相比而言,这种心态更为平和,他们唯一的诉求就是希望他人不要妨碍自己。

很显然,以上区分会让人们产生这样的想法:骁勇善战的都是那些身居高位的人,而战争的牺牲品往往是那些无力还手的平民。然而,如果平民之间懂得相互关爱,如果邻居的德国口音不那么让我生厌,或者我以足够的幽默感来看待邻居"凉鞋配袜子"的怪癖的话,马基雅维利笔下那些所谓"大人物"就无法满足贪念,在平民身上获取荣耀。

原料的赞歌

无论人们处于何种环境,面对大事或小事,生活都希望将我们塑造成一个艺术家,时刻准备好与一个任性的孩子,一位半聋的邻居一起谱写一曲和谐的乐章。然而,如果生活真是一门艺术,生活艺术家的形象也许与人们印象中普通艺术家的样貌有所出入。通常情况下,普通艺术家常常充满浪漫情怀,做着甜蜜的美梦,却经常灵感枯竭。而我们所说的艺术家却能撸起袖子,系上围裙,在无序中创造和谐。在他们看来,真正的困难在于缺少一种"和他作对"的材料。因为一旦缺少此类原料,他们就会灵感枯竭。

事实上,这与阿兰①的观点不谋而合。这位伟大的哲学家,同时也是一位受人尊敬的教师,拒绝在《美术体系》中将艺术家与手艺人划清界限。他认为,"受到启发的人"(艺术家)首先是一位用手工作的普通工人(手艺人)。只有当艺术家接触到原材料时,才能真正明确自己的创作内容。然而,与之相悖的是:在实践中,艺术家往往在接触到与今后使用的材料相

---

① 阿兰(Alain,1868—1951),法国哲学家、教育家、散文家。原名埃米尔-奥古斯特·沙尔捷(Emile-Auguste Chartier),以阿兰的笔名闻名于世。他毕业于巴黎高等师范学院,著有《幸福散论》等作品。——译注

反的原料时,才能迸发创作热情。这种原料可能是大理石、颜料、一块支在木板上的画布。对于小说家而言,原料也许是一些为了渲染小说背景的史实……总的来说,艺术家就是手艺人。因为他们都在某一特定时刻,需要全身心专注于纯粹的灵感中。在巴尔扎克的《无名杰作》中,普尔博斯就曾对青年画家尼古拉·普赛说过这样的话:"好好作画!画家只需关注自己手中的画笔即可。"换句话说,艺术家只有在实践中才能发现自己真正的需求。关于这一点,阿兰曾写道:"在实践中,人们会发现实际情况常比想象的更加美好。"是的,现实总比脑中的想法更为丰富。这也是为什么具体的行动(比如画家弄脏自己的双手)会给我们带来无法预料的惊喜:调色板上调出新的颜色,大理石上的裂缝,作家偶尔发现的有趣史实等。正是这些意料之外的微小元素构成了真正的创作。原料在与创造冲动碰撞过后,迸发出无数火花,于是世上便诞生了某样新的事物。

可是,如果艺术家缺少一种"和他作对"的材料,来违背他最初的想法,那么在残酷的现实面前,艺术家将无法完成杰作。对于米开朗基罗来说,他手中的大理石成就了他的艺术作品。但换个角度来看,这位艺术大师同样通过手中的凿子成就了这块大理石。当这位佛罗伦萨雕刻家发现大理石上有裂缝时,他必须在创作时充分考虑到这条缝隙,不然的话,这块石头可能会被劈成两半,而非从丑陋的状态中逐渐蜕变为一件精美的雕塑作品。事实上,即兴创作的真谛就在于此:不要与原料"一起创作",而是"从原料出发",将它雕刻成之前无法想象的形状。我再重复一遍,这便是人类历史的全部内容,也是人类成为艺术家,把生活塑造成一件艺术品的唯一途径。

关于这一点,阿兰所举的例子并非是创作出绝世佳作《圣母怜子像》的米开朗基罗这类天才人物。为了论证自己的观点,他选择了那些雕刻手杖的民间艺人。当遇到木头中的木疤时,这些手杖雕刻者通常有两种选择:不惜一切代价,雕刻出他人所规定的形状,并在口中默念道:"这个困难一定会过去,这个困难一定会过去……"然而,结果却是:木头很可能因此被破坏。当面对困难时,我们有多少次也会做出同样的选择?选择回避困难,比如一把拉开靠近钢琴的孩子……或者,他们可以选择第二条路:在木疤中试图找寻鸭子头部的形状,随后再开始精心雕刻。换句话说,试着接受磨难,像迎接好消息一样迎接它。

如果我们可以恣意创作,过程中没有困难,没有陷阱,木头中没有木疤,大理石中没有缝隙,那又会是怎样的情景?阿兰曾描绘过一个初出茅庐的学徒,为了得到一块可以按照个人想法随意变换的原料,他在恶魔面前出卖了自己。然而,这份没有经历过任何抗争的自由,显得如此空洞无味。因为,作品会随着情绪波动、信任危机、性情转变或狂热情感而不断变化。一件作品绝不会固定在某个载体上一成不变。艺术家也无法通过某样作品展现自己所知晓的一切。事实上,对于一个经验丰富的手杖雕刻人来说,木疤就是上天赐予他的礼物。反过来说也同样成立,如果一位手艺人能将磨难转化为福祉,那他一定是一位技艺精湛的工匠。

总结来说,何为一个经验丰富的人?他是一个能在问题中找到解决方法的人,是一个直面困难(而非游离在困难之外),试图找到出路的人。

拥有生命的意义

生活的真谛在于:将生活的底色想象成蓝色,随后系上围裙,投身到纷杂的世界里,而非沉浸在精修旅游照的幻景中。如果用一个短语来总结这份"清醒的快乐",我想应该是"拥有生命的意义"。就像在玫瑰色和黑色之间,我们需要找到一条狭窄的通道,试图在两种态度中穿行,而不是在磨难中变得虚妄无用。

通常,人们总努力在"寻找生命的意义",就好像生命本身毫无秘密、惊喜可言,或者对每个人来说,生命的意义都触手可及。另外,在涉及人生意义的问题时,我们总喜欢用各种"为什么"来为生活提供论据。而一旦现实违背常理,或无法回答这些"为什么",我们常会变得癫狂,甚至认为生活毫无价值。如果"寻找生命的意义"是一件值得称颂的事,那么将生命局限在我们的个人想法中则是一种十分危险的行为。事实上,磨难的本质便在于此:将原本完美规划、设定的生命意义打乱。当磨难来临之时,人们常会问"为什么"。在我看来,与其说这句"为什么"是一个问题,不如说是一声呐喊,一声证明生命论据软弱无力的呐喊。

这也是为什么人们总更愿意选择第二种做法:"赋予生命以意义",而非第一种做法(寻找生命的意义)。例如,宗教存在的价值就在于赋予生命新的意义。通常来讲,人们总是根据自己的意愿给予生命不同的意义……从这个角度来看,生活常被认为是一种疯狂的存在,只有我们自由地赋予其意义,而生活却从不对我们有任何要求。

这样看来,第二种做法更为吸引人。从理论上来讲,也比单纯发现生命的意义显得更为现实、更具能动性。然而,我很难想象人们如何做到一边赋予生活以意义,一边又认为在我们给予它意义之前,生活毫无意义。就像在黎明时分,当我看到舅舅破旧的鞋子时,无法逼迫自己相信圣诞老人真实存在一样。同样,在我清醒地意识到生命的意义是由我自己赋予的时候,我又怎能给予它意义?事实上,人们所给予生活的根本不是所谓的意义,而是我们试着让自己相信的托词。要知道,生活的意义有待人们慢慢探索,不然的话,它便失去所有价值。

这难道是让我们再次选择令人生畏的第一种做法:带着各自的问题和"为什么"等待生命的意义?当然不是,在我看来,除了绝望地等待意义和荒唐地赋予意义之外,还有第三种做法,我姑且命名它为"拥有生命的意义"。

"拥有生命的意义"并非意味着获取生命的终极意义,而是理解分享、节奏、旋律的意义。在我看来,"拥有生命的意义"至少包含两层意思:一方面,要知道如何投身于生活,如何从生活本身出发,即兴谱写一曲意料之外的旋律。另外,"拥有生命的意义"意味着即使身处困境,也要试着发现生活中的美好,重新调动自己的优点,为整件事画下一个圆满的句号,而非紧盯既得的利益。总结来说,"拥有生命的意义"就是无论生命的弧度多么曲折,无论生命走向何方,我们都能找到自己的节奏。

写到这里,你们也许又会想到那个将双手搭在孩子身后的钢琴家。而我则想到一个年轻人,人们告诉我,这位青年经常感到头晕目眩,而这正是癌症晚期的一种症状。面对亲友的担忧,他却这样回答道:"严重?是,确实很严重。但是'恩赐'和'严重'就差了一个字母①,不是吗?"是的,两词就差了一个字母……还有一个长音符。他把自己的重疾看成是一种"恩赐":因为患病的前提是你还有生命。日后所有的挫折都建立在这个前提上。抱着这样的想法,这位年轻人决定在困境中仍旧试着体味生命的味道,不再自我封闭,而是把磨难看成是生活的一部分,发掘其真正的意义。他的亲友则聚在一起,采取行动,试图分担一些他的痛苦。是的,当我们别无选择时,至少可以全身心地体验当下所发生的一切。

生活的味道

"拥有生命的意义"的第二层含义在于获取生活的味道。因为,仅仅遵循轨道,找准节奏远远不够,我们应该学会品味、感受生命的意义。事实上,身处困境,也是还原生活本味的最好时机。所以,在生命味蕾的托盘上,我们不能去除酸味或苦味。有时,过于急躁的性情会让我们错失许多美味。比如,葡萄酒隐秘的山梅花香味常藏匿在味蕾的最深处。也许,我们可以试着对自己说:"如果这就是我要经历的苦难,如果我暂

---

① "恩赐"的法语原文为"grâce",字母 a 上的符号为长音符,"严重"的法语原文为"grave"。——译注

时无法摆脱现在的困境,那就让我欣然接受这一切。随后抗争到底,尽情展现,慢慢看清在人类弱小的心灵里能装下多少能量、悲伤,生命到底充满意义,还是一个无尽的深渊。"

从这个角度来看,我们的生命和以下情景十分相似:一对年轻夫妇满怀期待,等待自己孩子出生的那一刻,却被告知孩子可能是个畸形儿。噩耗从天而降。深受打击之后,孩子的母亲终于在客厅的沙发上睡着了,她可以通过睡眠,获取片刻的宁静。孩子的父亲静静守候在一旁,因为他的妻子时不时会在睡梦中惊跳一下。同样,这个消息也让他深受震动。过了一会儿,他慢慢靠近妻子隆起的腹部,对着腹部另一头的孩子低声说道:"你好,你这个小东西和我预想的不太一样:你要比正常的孩子更加脆弱,未来的发展轨道已经偏离了我的预期。不,你和我脑海中的样子不一样。当我修剪儿子或女儿照片时,你的样子和我想象的完全不同。可这又有什么关系呢!你的一生,或长或短,时而轻松,时而艰难,和世上其他生命无异。我答应你,一定好好照顾你。是的,我答应你,以我绵薄之力,一定会让你得到应有的幸福。"

当我们别无选择时,我们还可以展现爱的能力。面对那些不期而至的磨难(上天给予的一切),我们都应当欣然接受。有一天,人们终会发现,这些磨难都是上天最美的赠与。

衰老与灵活

您发现没有,生活从不给我们任何喘息的机会。另外,生活通过年龄,被划分成不同的阶段,称为"阶段年龄"。事实上,这样划分是为了让我们不要过久地沉溺于胜利的果实。因为,当我们"驯服"某一阶段的生活时,也就意味着到了和这个年龄阶段说再见的时候。阿拉贡曾经写道:"当人们学会生活时,为时已晚。"在少年时代,我们需要慢慢适应新的身体变化:突然变长的手臂,日趋健壮的体型和无数对立的念想。渐渐地,我们到了一个可以履行承诺,可以"规划好自己生活"的年纪,不再为晚上选择哪条裙子而劳神费心,而是在深夜十分,当孩子做噩梦惊醒时,能及时出现在他的面前。

当人们刚刚适应三十来岁的生活时,马上又要面对下一个阶段的危机。不难发现,少年危机和四十危机恰好相反:前者迫不及待地想进入独立生活的阶段,而后者则无限怀念过往无忧(假定的)的时光。人们常会拿出自己老旧的 T 恤,经典唱片,开始学起低音吉他,或是和自己的女儿一起上非洲舞蹈课……我们想方设法地想"活得年轻一些",然而却常常忘了这一点:青春永驻的首要秘诀在于接受衰老。

也许读者会问,这句话到底何意? 在我看来,保持青春的真谛在于拥抱生命的意义,在当下的境遇里,活出最好的状态。保持青春,就要像芦苇般柔软,在旧枝断裂,压到身上时,懂得屈身服从。事实上,那些不论年纪多大,都欣然接受自己年龄的人都是这样做的。在日常生活中,我们经常可以看到一些年轻夫妇为琐事争吵(他们无法在去小型超市还是大型商场上达成一致)。然而,有些年迈的老人却总能保持年轻的状态:他们已经与逝去的时光握手言和,平和地接受衰老和磨难。时光虽然给我们带来一些无法逆转的变化,却并未夺走青春。相反,它教会大家像孩子一样灵活地拥抱每一个新的阶段。

人们常说:青春无关年龄。我认为这样的说法并不准确。因为保持青春意味着温柔对待自己的年龄。数年前,人们对当下所发生的一切还浑然不知。既然世间存在征服的艺术,那就一定也有失败的艺术。生活从不会精心为我们安排好一切,相反,它总是硬生生地将我们从一个年龄"搬到"另一个年龄。在这样的情况下,我们必须接受挑战,学会热爱生命,直到那一刻。

直到那一刻

说到"生命"就一定绕不开"衰老"。保持青春,并不是要求我们时刻保持年轻的状态,而是**忠诚地热爱每一个不同的**

年龄阶段。就像上面提到的那样,热爱生命,**直到那一刻**。直到哪一刻? 这里并没有清晰的界限。总的来说,"直到那一刻"意味着与生命并肩,再多走一步。

曾经我有一个朋友,在他不到 25 岁时,就罹患癌症去世。当时,我有整整一个月无法与他相见,因为他在与病魔激烈抗争。当我终于可以前去床头探望他时,他已经在二十几分钟前离开人世。在凌乱的被褥间,他一动不动,面色苍白,已经没有生命体征,与集中营里堆积的尸体无异。这个画面让我受到极大的震撼。面对此番情景,我第一句想到的话是:"从此以后,你应当热爱生命,直到那一刻。"直到死亡带走我们的生命,带走我们的至亲之时。我很快意识到:此时,"直到那一刻"与"爱"变为了同义词。无论是在春风得意或失意落败之时,这个离开人世的年轻人都忠诚地对待自己的生命。就像他忠诚地对待自己所爱之人一样。不管这位爱人是否健康、强壮、年轻或苍老。

事实上,只有在困境中,爱才能得到真的体现。我们是否真正热爱生活,还是在一切顺遂时才热爱它? 我们是否真正爱一个人,还是在某些特定条件下(比如性情好、漂亮、健康)才爱他?

是的,爱总是如此充沛、真实。当人们对爱人表达情意时,就像为他签了一张可以随时兑现的支票。当我们说"我爱你"时,等于同时在这份爱意中添入无条件和绝对的概念。换句话说,不论处于何种情况,面对何种条件,遇上何种困境,这份爱都真实存在。我们不会说"我在周六上午爱你",也不会说"我只有在微醺状态或当你穿着这条裙子时,我才爱你",而是简短、直接、纯粹的"我爱你"。这句话背后的真正含义是:我张开双臂,拥抱最真实的你。我答应你,就算你变成我意料之外的样子,我也一样对你着迷。在你跌落、迷失之时,一直追随你。简单来说,我醉心于你的一切。我爱你,*直到那一刻*。

然而,磨难却让我们重新审视爱,发现爱的限度和不足,发现藏匿在爱背后的隐形条例:我们热爱生活,却不能接受生活中出现疾病、冲突、误会,更不能接受当今世界这种糟糕的状态。我们热爱生活,但爱的却是屏幕上向我们展示善良怪兽和幸福孩子的动画片。我们热爱玫瑰色的人生,不喜欢蓝色人生,殊不知蓝色才是生命真的底色。人们确实张开了双臂,可只张开了一点。他们只会拥抱那些特定的事物。事实上,我们真正应当做的是完全张开双臂,就像被钉在十字架上一般,拥抱磨难。所以,在面对每一次困境时,人们通常有两种选择:缩小手臂张开的角度(直到完全闭合,或成交叉状,来表达不满);*或者*把困难视为通往内心深处的邀请,坦然面对生命中的得失。

＊ ＊ ＊

毋庸置疑,磨难是阻碍、烦恼、异议。不得不承认:磨难非常苛刻,甚至具有压迫性。从某种意义上来说,磨难要求人们的状态,总是超出我们的力量之外。事实上,它真正要我们获取的就是力量本身。那是一股深藏在人类心中的智慧、善意之流,有时只需一个缺口,便可浇灌心灵。如果一定要赋予磨难以某种意义,我想应该是在磨难中发掘生命中的力量、重生的能力及仁慈。

然而,这种对磨难愉快、豁达的解读并非是件易事。磨难就像一门艺术,先是慢慢显形,然后要求人们接受挑战。如果想让磨难成为帮助我们成长的经历,那就要从承认它的威力与它带给我们的痛苦开始。

人和山

五图寓言

1

一个人望着一座山。但又好像是山望着他,仿佛在说:"快到我这里来!"当人感觉自己足够强壮时,便准备开始攀登……

2

眼 泪!

不要盲目乐观

面对磨难,我们首先要知晓其可怕的属性:之前一切顺利……而现在,诸事不顺。

诚然,我们需要接受磨难,因为这是日常生活的一部分。然而,与之相悖的是,迎接磨难,意味着不在磨难面前低头,不轻易接受磨难!虽然,人们在身处困境时,更容易接受周围那些动听的安慰话(在初期,身处困境的人就像一个破碎的罐子,什么也听不进去)。为了更好地了解磨难,我们先要认清它带来的伤害,并清楚地意识到:抵抗磨难不能从轻易接受磨难开始。

这也是为何那句"快点振作起来!"常被视为恶魔。从表面上看,这句口号响亮有力,让人感到轻松(事实上,在积极的外衣下,这句话充满消极意义)。总的来说,这是一句懦夫才会说的话。通常情况下,"快点振作起来!"的真正含义是:"别再拿你的问题来烦我。"或者"你的这些问题让我感到痛苦。我无法与你共同面对。所以请你别在这种状态下再来打扰我。"

在这样的情况下,那些备受煎熬的人也许会假装坚强。因为不管他人真正爱他,抑或不够爱他,都无法忍受看到他现在的样子。于是,他们便戴起幸福的假面具,忍住内心的呐喊。直到有一天,强打精神"振作起来",却终于彻底崩溃。

不,我们不应该盲目乐观,勉强振作。世间确实存在许多具有消极意味的事情。当有人拿走你的器官,甚至夺走你珍爱的人,你又如何认定这是一件"具有积极意义的事"?另外,记得要远离类似约伯身边的那些朋友!

他身边都是些怎样的"朋友"呢?约伯的故事出自《旧约》。这则故事的开头是这样的:一日,众天使聚在上帝面前,撒旦也混迹其中,漫无目地游荡。上帝自豪地向撒旦介绍自己的仆人约伯,那是一个正直、敬神的一家之主。在上帝看来,"这样的仆人"很少。撒旦反驳道:"这是必然的,因为约伯拥有一切让他幸福的事物:儿女成群、富裕的生活……在这样的情况下敬神,岂不是太容易了!""好吧!我现在把他的一切都交给你……只是不可伤及他的健康。"上帝说道。

撒旦得到耶和华的准许后,在一天之内夺去约伯所有的财产,并让他的儿女在灾祸中丧生。然而约伯并未抱怨,只是剃去头发,平静地说道:"我赤身而来,也要赤身而去。耶和华赐与我生命,也可收取我的生命。"在这样的困境下,没有比这更坚韧的毅力以及对上帝的忠诚。然而,开头的那一幕再次重演:众天使聚在上帝面前,撒旦混迹其中。上帝向其指出约伯的忠诚,撒旦反驳道:"也许吧,但他毕竟身体健康……"

于是,上帝同意撒旦夺去约伯的健康:约伯浑身长满毒疮,失去了尊贵的社会地位。他走到城门口,坐在一堆垃圾上,用瓦片刮身。然而,即便是在这样的困境中,约伯仍旧保持缄默,从未说过一句亵渎神灵的话。他的妻子对他喊叫道:"为何你还是如此忠诚?你可以咒骂上帝,然后死去吧!"约伯回答道:"你说话的时候就像一个疯子。难道我们只能享受神赐的福,却不愿意接受神降的灾吗?"

随后,约伯的朋友们闻讯而来。看到他现在样子,大家都感到心情沉重。他们默默无言,整整七天七夜相互没有说过一句话。突然,约伯动摇了。他通过一首令人心碎的诗,诅咒自己的出生之日,也许每个遭受磨难的人都会这么做。他希望自己从未来到这个世界上,这样就无需看到上天漠然地让好人或坏人遭受劫难。面对此番情景,他的朋友又是如何回应的呢?

有一位朋友激励约伯重树信心:既然他曾多次让我们重新相信上帝,为何他自己却无法做到?对此,约伯反驳道:"只有遭受同样磨难的人,才能理解我的痛苦。我的痛苦如此之深,如此之重,不是几句安慰话就能化解的。"另一位朋友则试图论证为何灾祸会降临在约伯身上。他认为事情总有理由,上帝不会无缘无故让一个正直的人受苦。约伯回答道:"确实没有理由!我是无辜的,上帝也很清楚这一点。"他的朋友不再与之争辩,担心自己也会因此怀疑上帝。毋庸置疑,朋友们关于意愿和理性的对话,无疑是在约伯的伤口上撒盐。他开始咒骂这个"嘲笑无辜人类不幸的上帝",不停地说着亵渎神灵的话。他的朋友们则劝阻约伯,希望他停止这样的反叛,可这样的劝阻又好像是在暗示约伯确实应该遭受不幸。

神奇的是:在约伯一再要求上帝出现主持公道后,上帝终于回应了他的要求。然而,让上帝感到愤怒的不是被命运压垮的约伯,而是他那三个朋友。上帝说:"他们在谈论我时,不够简单明了。"他甚至要求约伯为他们祈祷!要知道,不断咒骂上帝的可是约伯!人们由此可以推断:世上最大的罪孽不是在深处困境时呐喊,而是不惜一切代价为罪孽辩护。这也是为何我们需要聆听,陪伴那些遭受苦难的人,而非用甜言蜜语来蒙蔽他们。

哭泣、厌恶、微笑

人们经常引用斯宾诺莎的名句:"不要哭泣,不要微笑,不要厌恶,试着理解。"大家都认为这句话凝结了哲学的智慧。然而,如果真这么做的话,我们不都成了约伯的朋友吗?试想,如果有人遭受不幸,难道我们仍旧希望他们不要哭泣、喊叫、激烈反抗?说这句话的人,完全没有顾忌到听者的感受。有时,温柔的话语或哲学的伟大建议会成为一种真正的折磨,因为这些话没有显示任何同情心,显得如此笨拙。首先,它缺乏灵活度,其次,和正在受苦的人说这样的话显得很不妥当。书写约伯故事的作者(或作者们)已经暗示我们,处于困境中的人完全有权力哭泣、叫喊,甚至亵渎神灵。

不难发现,许多圣经的赞美诗里都有许多反抗上帝的话:"我向你喊叫,我的上帝,快些回答我。"另一句,由于常被写进通俗或流行音乐里,已为众人所熟知:"神啊,我自深渊向你呼喊。"[①]令人惊讶的是:这股怒火并未拉开人与神的距离。事实上,向某人声嘶力竭地喊叫是召唤他的一种方式。喊叫完毕后,人们也许还能获得与他相遇的机会。

---

① 原文为拉丁语:De Profundis, Domine, ad te clamavi。——译注

真正的错误不在于抱怨,而在于封闭自我,一蹶不振。通常,女人比男人更明白这个道理。有时,她们希望自己的伴侣不要那么"坚强",或少些"男子气概"(尽管"坚强"和"男子气概"本身并不是缺点),能敞开心扉,承认自己的脆弱。

认清挫折,走出困境

不要盲目乐观:要想走出困境,就必须先体验痛苦。最近有人告诉我一件事,我觉得很有示范意义:有一对伴侣决定分开。然而,他们却并未把分开称为"分手"或"离婚"(两人已成婚)。换句话说,他们不愿承认失败和自己的脆弱,拒绝创造与这段伤痛历史日后和解的可能。他们把这次分开称为"全新的冒险",还在后面加了两三个惊叹号。在写给家人和朋友的群发邮件里,他们提到:此次"分手"(他们用了引号,就好像这个引号能够提供对抗现实的屏障一样)对每个人,尤其是他们的孩子来说是一次全新的机遇。他们甚至全家出动,一同前往离婚办公室办理手续。

我理解他们这样平静处事背后的缘由所在:人们总是毫无逻辑地认为自己能够成功走出困境。事实上,这是一种对抗痛苦的自卫机制。可是,现实最微小的细节都会打乱原本的计划:孩子们很快怨声载道,因为这段破碎的家庭关系让他们深陷苦恼之中。

所有的分离都会带来伤痛,不论你假装平静面对,或回避痛苦,都只能缓解一时的心理压力。因为走出困境,绝非易事。当然,我并不是鼓励你沉浸在悲伤中,终日以泪洗面。要知道,我们可以,也应该从困境中重新站起来……然而,要做到这点,首先就要承认挫折真实存在。我们无法通过否认事实来躲避命运的重击。所以,不管成年人怎么说,原本幸福的家庭被拆分成两处住所,可幸福却不会因此成倍增长。孩子很清楚这一点,也希望父母不要向他们说谎。

我们的心灵也洞察一切,所以在面对挫折时,总忍不住流泪、呐喊。人们不可能在全身心投入生活的同时还能"像白痴一样傻乐"。在我们面前的通常有两种选择:让幸福扎根于现实中,承认磨难真实存在,并试图与之对抗;或者将幸福建立在空想之上,在强力之下,获得短暂的快乐。

橡树、芦苇……和香蒲

挫折在打乱我们生活的同时也能帮助人们辨别何为真正的力量,何为*被逼迫的蛮力*。两者之前的差别在哪里?以"崩溃"一词为例,从字面上来看,"崩溃"意为在精神爆发的边缘。当你说"我要崩溃"时,这就是"被逼迫的蛮力":因为此时支撑我们的只有身上最后一丝力气。另外,"被逼迫的蛮力"一定以妥协告终,因为这股力量缺乏灵活性。要知道,生活中有太多难以预料的事情需要我们灵活面对。从让·德·拉封丹的寓言里,我们可以看到:虽然橡树很坚韧,但真正的力量是芦苇的力量。需要注意的是,之所以选择芦苇,不是因其随风弯折的特性。在拉封丹的故事里,他赞颂的是那些懂得适时妥协的人。有时,机会主义是一种力量,柔软的态度则是一种美德。在我看来,芦苇柔软又坚挺,而橡树虽然刚强有力,却仅有一股蛮力,这也是为何大家更偏爱芦苇的原因。芦苇并不软弱无力,它依靠其坚韧的内在力量,为弦乐器制造者、船夫、管风琴制造商提供相应的原材料。

为了使寓言看起来更完整,我们不得不提到香蒲(不要与芦苇相混淆)。这是一种生长在池塘里的植物,叶子很大,却无法抵御风的侵扰。事实上,在我们生活的寓言中有三个而非两个主人公。橡树:在面对磨难时,用蛮力抗争;芦苇:笔挺坚韧,却也懂得谦逊低头,迎接挫折的到来;"大叶香蒲":只知道随风而动,从不顽强抵抗,迎接挑战。橡树的蛮力是被逼迫的,它并非真正坚强。芦苇很坚强,却不是时刻坚强。香蒲本质脆弱,根本谈不上坚强。

帕斯卡尔曾说:"人是会思想的芦苇。"然而有时,人也是被自己的重量压住的橡树。可大多数情况下,人更倾向于成为香蒲。他们没有橡树的英雄主义梦想,拒绝与命运抗争。他们自称"具有乐观精神",可那是一种浅薄的乐观主义,人们通过弱化可能发生事情的严重性和美化现实的方式,形成一种"超然的态度"。在面对生命的各类"狂风"时,人们提倡以轻松、开放的姿态超然笑对。然而在轻松愉快的外表下,隐藏着人们不愿经历生活的风浪,甚至不愿认真看待生活的真实意图。

这便是磨难为我们铺设的狭长小道:在蛮力和萎靡,随时被折断的硬木和任人揉捏的面团之间寻求一种中庸的方式。战胜挫折,就是以一种芦苇般的愉悦捍卫某事,既坚强又柔软。

让哀恸的人得安慰

承认挫折真实存在,坦然迎接它的到来,这也是为自己在困境中铺开一条新路创造机会。两年前,安娜-黛芬妮·朱莉昂邀请我前往巴黎的贝尔纳尔丁中学聆听她的讲座,主题是自己患病的幼女黛依丝。她的讲述十分动人,获得巨大反响。她希望我可以为她的新书《在湿润沙滩上缓步前行》提供一种哲学的视角。这是一部赞颂生命的佳作。当时,我的作品《关于快乐的论述》刚刚出版。巧的是,这也是一本希望读者不管身处何境,都能与生活妥协的作品。

在仔细阅读安娜-黛芬妮的作品时,我发现在孩子天真的话语背后,隐藏着巨大的智慧。安娜-黛芬妮送给自己当时只有八岁的大儿子加斯帕尔一只印度小猪,为的是能够转移这位小伙子的注意力。他每天都看到妹妹一天比一天虚弱,自己却无能为力。在外出度假时,她把小猪寄放在邻居家中,可却得知小猪死去的噩耗。小猪的死亡就像是另一场更为痛苦分别的前奏,让人悲伤。作为一位称职的母亲,安娜-黛芬妮想让自己的孩子免受打击,她对加斯帕尔说道:"加斯帕尔,你知道吗,你的印度小猪……离开了。""它去哪儿了?它逃走了吗?"加斯帕尔问道。母亲回答道:"不,并不完全是这样。""那妈妈,它是不是死了?"片刻沉默后,这个男孩又说道:"妈妈,你知道吗,你应该告诉我实情。因为,如果我不难过的话,你就无法安慰我了。"

在说这句话的时候,加斯帕尔知道自己正在引用《天国八福》(这是耶稣留给信徒的训诫)里的话吗?"让哀恸的人得安慰。"这是耶稣在山上对信徒的教导。如何做到"让受难者幸福!"这难道不是痛苦有益论吗?我并不这样认为。就像加斯帕尔对自己母亲说的那样:"如果我不难过的话,你就无法安慰我了。"

不管人们想法如何,总存在风险。不管人们如何生活,总想远离任何痛苦。可事实上,我们生活的时间越长,见到的美好越多,遭受的痛苦就越大。热爱生活、姐妹、印度小猪的同时,也意味着以开放的姿态面对世界,愿意承担所有可能,甚至是遭受苦难的风险。其实,这是世间最美好的冒险。保护孩子免遭丧亲的痛苦以及所有磨难的同时,也剥夺其享受崇高、独特的幸福:来自母亲的安慰。希望孩子永远顺利,从不跌倒,其实也是阻断了第一时间向他们伸去的双臂。另外,这样的愿望意味着时刻监察孩子的一切,即便是需要孩子经历磨炼成长之时。父母希望孩子处于绝对安全的状态之中,殊不知孩子只是希望在自己充满波折的人生道路上有父母相伴,仅此而已。

在我看来,想为自己和他人阻挡生命之苦的倾向源于"害怕去爱"的心理特点。具体来说,人们害怕全情投入,也不愿意陪伴他人渡过难关,哪怕对方正处于痛苦的深渊。我们总以为自己已经丧失了这种简单却非凡的能力:将他人拥入怀抱,让他尽情宣泄痛苦。正是出于这种恐惧,我们总是竭力否认磨难。这也是为何人们认为对爱人最大的帮助是让其免遭痛苦。与其这样想,还不如希望你的爱人从未出生,或祈祷他是一块硬石、一条变形虫、一片蕨叶,总之是那些无法感知,无法爱,无法全身心投入生活的物体。因为只要生活、感知、游移在充满风险的人类生存空间,我们的所爱之人就必然会遭遇挫折。也正是出于这个原因,他们才需要我们的爱。

让我们重新整理一下思路:并不是我们爱他,所以需要为他阻挡痛苦,而是挫折原本就是生活的一部分,我们的至亲才更需要我们的爱。

何为人类?

从某种意义上来说,没有什么比对不幸的感知度更具"人性"的特质了。是的,在成长的过程中,人们不但变得更加睿智,也变得更为敏感,不仅更为理智,也更为深沉。在面对自己或他人的痛苦时,不再说些无关痛痒的话("你要振作起来","都会好的,知道吗!"……),而是学会倾听,并做出适当的回应。

那么,生而为人到底意味着什么?有一点可以肯定:人类的天性是任何事物都无法束缚的,其特性在于"没有边界"。通过自己的内心,人们可以穿越几个世纪和任何界限,去感受陌生人的痛苦,去理解5世纪某位中国智者的思想。小说家的天才在于他能够敏锐地感知他人的感受。例如:莫泊桑在《一生》中描述了一位资产阶级妇人的生活。他的描述也许比真正资产阶级太太的描绘更为生动。

这就是为何"生而为人到底意味着什么"是一个浩瀚无边

的问题。我们无法为这个问题设立边界,只能不断丰富答案的内容。如果您研究"人类"一词的词源,就会发现这是件很有意思的事。"人类(humain)"一词来源于拉丁语 humus,意为"大地"。生而为人,不是成为天使或野兽,而是脚踩大地,然后抬头仰望天空。生而为人,是保持一种垂直的姿态。事实上,这是一种真正"谦卑(humilité)"的姿态,该词的词源同样是 humus。具体来说,这是一种寄情于天空,却不忘自己从哪片土地走来的态度。这里再次重申:人类既不是天使也不是野兽。布莱士·帕斯卡曾经说过:"当人们以为自己像天使一样时,其实恰恰表现得像一头野兽。人们拒绝自己的躯体,否认自己需要大地食粮,否认自己也具有动物属性,这其实是一个愚蠢自大的谎言。"相反,把人类禁锢在土地上,为他贴上动物的标签,这不是一种谦卑的行为,而是具有"侮辱性(humiliation)"的行为。同样,这个词也来源于 humus。还有什么比人类"贬低得比大地还低"更具侮辱性的行为?那些 20 世纪的极权政体(比如纳粹)都有一个共同的特点:他们善于把人类囚禁在土地上,随后开展各种激进的社会运动。"血液和泥土"①是纳粹当年著名的口号。这种将人类贬得比人性本身更低的侮辱性行为预示了之后的历史场景:人们被押送

---

① 原文为德语:Blut und Boden。——译注

到集中营或政治犯苦役场,之后便化为灰烬或灰尘。

所以,人是处于天空和大地之间的存在。一旦去除其中任何一个,你将同时失去另一个。更糟糕的是:如果去除其中之一,你甚至会面临丢失人性的风险。你将成为一个虚幻的天使,或极权主义制度下的野兽。

湿润的灵魂

"人类"一词还有一个让我们倍感兴趣的衍生词,它与磨难息息相关。是的,humus 还能衍生出"湿度(humidité)"一词。这与人类有什么关系呢?人性和湿度之间又存在何种联系?事实上,人类的成长过程,是将自己铁石般的心慢慢转变成柔软的肉心。换句话说,是以一种更开放的姿态接触世界,战胜脆弱(易损性经常让人们变得敏感)。以人类的皮肤为例,世界上没有一种物体的质地比皮肤更加脆弱。它可以被温存地爱抚,也可能受到重创。它限制了我们身体的活动空间,又为我们打开了一个美好的世界。根据日常经验,指尖触碰下的皮肤有千万种"质地":丝般光滑、柔软、粗糙、干涩、干枯……事实上,不断成长意味着不断增加感官体验,并且比他人更具有感知能力。试想,如果有人希望像鳄鱼一样生活,可他的皮肤却只能适应拥抱、轻抚、触碰等类似动作时,他又该如何应对?

生而为人,意味着富有深度。当然,所有人都是从肤浅、表象开始起步的。卢梭曾经认为自然状态下或文明起源时的人要比 18 世纪的人强壮很多。当他推崇自然生活,为健康大唱赞歌时,忽略了一点:易损性(或脆弱性)是人类文明的硕果之一。没有易损性,人类就不会对世界开放。另外,人类之所以保持最本真的人性,摒弃可能的"动物属性",是为了培养未知的敏感性。所以,当人们更多地与世界接触,感受世间之美,他们就变得"更像一个人"。

然而,这种拥抱每个生命瞬间的能力也存在着让我们哭泣的风险。这就是人类和湿度的关联所在。当我提到人们不应该回避挫折时,并不是希望大家像一个全副武装的冷血战士一样对抗磨难。正确面对挫折的方式是勇敢地承认痛苦。就像苏佩维埃尔[①]在那首名为《上帝忧愁》的诗中所描绘的那样,他把流泪的状态称为"湿润的灵魂"。也就是说,为流泪的可能附上诗意的注解。

苏佩维埃尔的职业是银行家,却把创作诗歌当成自己真正的使命。他在出生之时便失去双亲,随后在乌拉圭由伯父

---

① 苏佩维埃尔(Jules Supervielle),法国著名诗人。代表作有:《往日薄雾》《凄凉的幽默》《遗忘的记忆》等。——译注

一手带大。在第一次世界大战期间,又遭遇妻离子散。后来,他的银行也破产了,这逼迫苏佩维埃尔不得不从零开始。在《世界寓言》这本诗集中,收录了《上帝忧愁》这首诗。苏佩维埃尔为天地的创造者(也就是上帝)赋予了伤感的愁绪。我猜想这份忧愁也许来源于作者多次流放的经历。忧愁的上帝?作为一个笃信宗教的人,我不禁要问:上帝如此完美,他会出于何种原因感到痛苦?诗人说的"神的悲伤"到底指的是什么?

事实上,这是一种远离自己创造的世界时所产生的苦痛。苏佩维埃尔告诉我们,上帝深知母亲和艺术家的痛苦,他了解所有"将新的事物带到世界上的创造者"的痛苦。创造就是抛开自我,赋予他人生命。毋庸置疑,创造也是默认随时会失去自己赋予生命的事物。对于上帝来说,这种感受更为强烈:在创作和接受除他之外的其他事物的同时,他还要放弃"成为一切"的可能。他刻意让自己变得虚弱无力,为的是无法成为一切。所以,在创造世界时,上帝加入了一些不完美的元素。因为如果世间一切都很美好,那么这个世界就成了上帝本身,也就等同于上帝没有创造任何东西。既然上帝游离于世界之外,世界里没有上帝的存在(就像世界从他手边滑过一样),那么上帝就一定能看到世间的痛苦:

我看着你们游走在颤动的大地上,就像创世时期一样,当然,两者有显著差别。

我的作品不再属于我,我已经将它奉献给了你们。

[……]

我现在和你们说话的方式,就像一个陶器制作者对自己的陶器在说话一样。面对自己的作品,有人听不清,有人沉默不语。

我看着你们盲目地走向悬崖峭壁,却不能为你们指明方向。

也无法告诉你们如何应对,

你们必须自我救赎,就像那些在雪地中的孤儿一样。

"那些在雪地中的孤儿",是的,这才是我们真实的样子。这是一幅美丽的图景。我相信不论是无神论者还是虔诚教徒,不论是相信或不相信天国真实存在的人都会产生共鸣。因为这幅图景能够营造出一种被抛弃的感受,而每个人几乎都有过类似的感受,那种静止的痛苦直击心脏。就我个人而言,当看到这样的描述时,眼眶就会湿润。

事实上,在苏佩维埃尔眼中,眼泪恰恰是上帝真实存在的佐证。为什么这么说呢?难道人类的不幸,命运的抛弃不是对上帝的驳斥吗?面对磨难时,人们常会认为生命毫无意义,并努力赋予生命以意义(任何类型的意义),以此来抵抗生命的虚无。同样,面对生存的苦痛,人们也会询问上帝是否存在。通常人们认为:如果苦难存在,那上帝就不存在。这似乎是一个**此即彼**的问题。痛苦越强烈,上帝就越不可能存在。

然而,虔诚的教徒反驳道:痛苦并不是上帝不存在或无能的标志。因为在人们身处困境时,上帝让人类自由选择生存还是死亡之路。这个论据看似有力,但他们所说的苦难并不包括那种所有人都能承受的苦难,或那些出于巧合、厄运、愚蠢的现实而遭受的痛苦。世界并不完美,对于那些饱受疾病、贫困之苦的人来说,生活从来都不是礼物。当我们站在教堂或穷人医院门口,看到一些母亲无力对抗命运的重击,甚至无法满足家人最基本的生存需求时,就会想到"雪地中的孤儿"。该如何面对这样的生存状态呢?

什么也不要做。只需听听上帝的烦恼(诗人认为他能够听到上帝的内心独白):

> 人类,我心爱的人,面对你们的不幸,我无能为力,
> 我只能带给你们勇气和眼泪,
> 这是上帝存在的有力证据。
> 湿润的灵魂是我留在你们身上的一部分。

"是我留在你们身上的一部分",这样看来,我们身上一定留有上帝的痕迹。在上帝缺席的世界上,这些痕迹熠熠生辉。在人类身上,有从神灵那里偷偷取走的点点火光,苏佩维埃尔把这称为"湿润的灵魂"。正是孩子般的眼泪,而非被抛弃的感受,让诗人的上帝自我证明,或者说自我了解。事实上,哭泣是证明上帝存在的奇妙方式。在人类起源之初,世界处于混沌之中,没有任何规则。人们甚至不知道为了让人类更好地生存,上帝会缺席、隐没。那时,我们会哭泣吗?如果在创世时,上帝未曾谦卑地低声说一句:"您先请",那么我们对这个世界还有什么期待和欲望……苦难只会带来痛苦吗?不,如果是这样的话,一切都会变得冷漠无情。人们将会无动于衷地面对至亲的离去。我们甚至找不到词汇去定义和表达痛苦。

如果我们与不公抗争,是因为人们脑海中天生就有公平的意识。同样,如果我们哭泣,那是因为在我们身上留有诗人所说的上帝"回忆"。是的,爱的缺失是一件耸人听闻的事。可事实上,人类是由爱创造,为爱而生的群体。是的,上帝没有守在被苏佩维埃尔称为"无人看守的小床"旁,这场缺席导致无辜的人类突然死亡,这确实让人愤慨。可是,我们又有什么权利愤慨呢?难道人们是为生命和快乐而生的吗?难道我们的眼泪不是美好承诺让人痛苦的那一面吗?在生命、快乐和无言的死亡中,到底谁拥有最后的发言权?

"湿润的灵魂是我留在你们身上的一部分。"是的,上帝自相矛盾地出现在他缺席的世界中,让人困惑。他以一种双重形态出现,我们依照他的模式,也学会了低调行事,为的是衬托上帝的伟大。上帝给予我们力量,按照苏佩维埃尔的说法,人们开始"自我缓和",以此将他人推上历史舞台。

所以,我们不应该过度克制自己想要流泪的冲动。不论对于教徒还是无神论者来说,只要心中有足够的爱,都可以在苦难面前尽情哭泣。要知道,当灾祸将我们共享的世界摧毁得面目全非时,人们眼中的泪水便是对抗挫折的武器。事实上,泪水折射出全人类最真实的本源。眼泪告诉我们应当如何改变世界,同时也展现出人类内心最深处的渴求。在这片被上帝舍弃的土地上,男人和女人的泪水灌溉土地,创造出一座新的天堂。

眼睛是用来流泪的

与阿尔贝·加缪合办《战斗》杂志的著名作家和记者亨利·加莱在自己去世前的两天写下这样一段话:"人们将在我的心口上发现皱纹。我已经开启旅程,即将缺席。你们就当我已经不在了吧。我的声音已经传不了多远了。在临终之时,我还未完全了解生命和死亡的意义。我们是否现在就要分别?别再摇晃我。我的眼里已经噙满泪水。"这是承认自己脆弱的自白书吗?是的,但这种脆弱是伟大的,因为这是属于一个人,甚至是全人类的脆弱。其他所有不承认心口皱纹和眼中泪水的文字,都是糟糕的文学。

正如俗语所说的那样:"只有眼睛是用来流泪的",这是一种有悖常理,却又很有勇气的表达。这个俗语让我想到一个朋友,他让我明白一个道理。这个道理与一部电影有关,虽然之前我看过很多遍,却并未理解其真正的含义。这是一部由帕瓦尔·鲁基尼导演的俄罗斯电影,名为《岛》。这部电影意外地获得巨大成功。该片讲述的是阿拿托里遭受精神折磨的故事。在第二次世界大战期间,阿拿托里还是一位年轻的水手。在被纳粹士兵擒获之后,他说出了船长的藏身之地。由于贪生怕死,阿拿托里同意亲手处决自己的上司。纳粹士兵嘲笑他的怯懦,悄悄在他的船上装上炸弹,想置他于死地。可阿拿托里逃过一劫,他身受重伤,漂浮到一处海滩,一群修道士将他救起。他们精心照料阿拿托里,并接纳他成为修道士中的一员。

电影的精华部分发生在三十年以后,当观众再次见到阿拿托里时,他已经变得非常苍老,面庞消瘦。他笑得不多,但每次笑容都很灿烂,人们可以看到他的牙齿已经所剩无几,但却让人倍感亲切。他被指定看管修道院的锅炉,平时就睡在锅炉旁,经常吸进煤炭的灰尘,衣衫褴褛,却不停地谈论上帝。事实上,是阿拿托里自己要求穿着破旧的衣服,置身于这样的生活环境中,因为他无法原谅自己之前所犯下的罪孽。每天,他都驾驶一艘小船,前往一座岛屿(这正是电影的名字)。在那里,他匍匐在地上,咬破嘴唇,热切地祷告,为自己当年因为胆怯所犯下的过错而痛哭流涕。

这种负罪感在阿拿托里的身上留下很深的烙印,由于态度虔诚,他已不再是一个普通的修道士,而成为修道士中最具灵性的那一个。许多人慕名而来,纷纷前往修道院接受他的祝福、教导,请求他预言某件事情,或只为了与他一起祈祷。面对大量涌来的教徒,曾经的水手成了为众人服务的阿拿托里神父。他经常和这些正直的人诉说自己的恶行,为的是让他们不要为自己附上太多的光环。

一个名叫约伯的神父非常嫉妒阿拿托里的成功,这让阿拿托里感到很好笑,因为他本性是个爱打趣的人。一天,他带着玩笑的口吻向约伯神父问道:"你是个文化人,你能告诉我为什么该隐刺杀了弟弟亚伯?"这个问题让约伯神父勃然大怒。他怎么会不知道问题的答案呢?他当然知道该隐是因为嫉妒才杀死弟弟亚伯。原因很简单:上帝更偏爱亚伯的供物,而非他的供物。之后,该隐向上帝抛去一个改变世界轨迹的问题:"我需要对我的兄弟负责吗?"这是个人尽皆知的故事,只需打开《圣经》,便可在前十页读到这个故事!

怒气冲冲的约伯神父前往费拉尔特(一位职权更高的神父)的住所,细数阿拿托里各种怪异的行径,发泄自己的怒火,他说道:"我的神父,阿拿托里竟然问我,为什么该隐刺杀了亚伯!"这位德高望重的神父微笑了一下,眼神迷离,他再一次感受到那位修道士的智慧。他回答约伯神父道:"对了,我也想问:'为何该隐刺杀了亚伯?'

约伯神父大为震惊,他认为这是大家联合起来捉弄他的玩笑。和费拉尔特不同的是,约伯神父没有真正理解阿拿托里问题的意思。是的,问题的答案显而易见,甚至明显到都没有回答的必要。事实上,当人们面对磨难时,有时恰恰应该保持缄默。因为到那时再去寻找任何原因、道理、论据、逻辑、借口都是徒劳无益的。为何该隐刺杀了亚伯?如果回答是出于嫉妒的话,那就等于犯下双重错误:首先,这样的回答顺应了"恶的逻辑",人们会认为一切都很正常、合理;另外,站在事件之外描述事件,会让人产生置身事外的错觉。"这是由嫉妒产生的效应"或"该隐是出于嫉妒而这么做的",这些回答都太过直白。在身处困境时,人们唯有痛苦行动:"确实,他为何要杀死自己的亲弟弟!"此时,我们无需多言,只需流泪即可。这也是人们能够与"恶"保持距离的唯一途径。

不难发现,约伯神父之所以叫这个名字绝非偶然。向他提问的阿拿托里,每天独自前往小岛,为自己犯下的错误而哭泣。当约伯神父听到对方的问题时,他所想到的是如何证明自己的想法,而非像约伯在《旧约》中一样对"恶"感到愤慨、惊讶。这种惊讶的情绪恰恰证明孩童的天真从未真正离我们而去。如果有一天人们习惯于"恶"的存在,那就意味着我们珍贵的纯真已经完全消逝。正如乔治·贝尔纳诺斯所言,在"恶"的面前,我们需要怀有一种特殊的情感,即"痛苦的惊讶"。在他看来,这种纯真的态度是在这个暴力的世界上立足的最好姿态。少了惊讶或痛苦,都是不正确的态度。

当磨难来临之时,人们首先要做的并非是寻找解决方案,而是变得更为敏锐,做好对抗的准备。如果否认自己跌入谷底,又如何触底反弹?当我们不惜一切代价试图安慰那些痛苦的亲人,试图为他们找寻解决方法的同时,也剥夺了他们重新塑造自我和再次出发所需的时间。就像人们常说的那样,我们需要"给时间一些时间"。读者可以在下一个章节中看到这句话的智慧所在。要知道,这并非对不幸的妥协,因为等待的艺术是对生命的一种信任。

人和山

五图寓言

2

……于是人开始准备向大山发起挑战。翻越第一个山头并不是一件困难的事,因为这个山头并不陡峭。然而,很快他就需要挑战那些更加险峻的山坡……

3

给时间一些时间

任其处置？

我们决定大声喊叫，肆意流泪。

在一个人遭受痛苦之时，不要试图唤起他的耐心。然而，眼泪也会带来疲惫感：哭泣、喊叫都是十分消耗体力的行为。如果一直身处痛苦之中，那将是一件令人难以忍受的事。所以，生活总能慢慢回归原本的轨道。天哪！当失去亲人的痛苦让我失去继续存活的勇气时，我突然感到很饿！这场剧烈的争吵让我缓不过神来，但我还有工作要做！所以，有时身处风暴的中心是一个不错的选择（风暴的中心一般都比较安静，而风暴周围却很混乱）。就像为所爱的人哭泣，这难道不是怀念过往的一种方式吗？

然而，面对磨难，人们不但需要接受命运的重击，还要依靠毅力继续生活:继续起床、洗漱、生活、进食。一开始,磨难是黑色的。但终有一天,它会被滴落在上面的泪水慢慢洗去沉重的颜色,继而变成洁白的颜色。在这一天来到之前,磨难是灰色的。一方面,我们还存活于世,毕竟挫折没有将我们处决,我们也没有因为悲伤而死去。另一方面,我们还未从苦难中完全走出来,心中仍旧因为失去而感到痛苦,每天艰难度日。是的,事实就是这样:磨难是灰色的,就像在未来的日子里,天空是灰色的一样。

那么,如何在这种令人不适的中间状态中维持生活?第一条定律便是:当人们暂时无法战胜挫折时,我们需要做的是坚持。当人们无法再有所收获,至少不要过度消耗。做到这一点,需要顽强的毅力,但还远远不够。这里,希望的角色至关重要。面对磨难,耐心的意义在于它能为我们带来希望,即便此刻美好的结局看似如此遥远、虚幻。在挫折中培养耐心,并非是要发扬所谓的英雄主义,也不是默默承受,从不抱怨。而是以一种谦逊的态度任由挫折"处置"。这里,"处置"是一个褒义词,意思是:当我们无力抗争时,能够安然接受来自生活重击的打磨。

在我看来,"任其处置"是一个恰当的表达。这也是为何我不喜欢"完成悼念"这个词。因为这是一种缺乏耐心的行为。和其他能带来收获的人类行为不同的是,悼念无法完成任何目标。事实上,在完成悼念的过程中,我们与故人的关系不断延续,继续书写彼此的故事。痛苦渐渐地被美好的回忆所取代。前者是暂时的,而后者才是永恒的。什么都没有结束,一切都在继续。要知道,在悼念的过程中,并非是由我们完成悼念,而是悼念在塑造我们。在失去亲人的悲痛时刻,我们唯一需要做的是不要在痛苦上再叠加痛苦。例如:不要用酒精来麻痹失去至亲的痛苦。因为,如果不同的伤害混合在一起,人们会分不清自己的痛苦到底是酒精带来的病理上疼痛,还是悲伤带来的心灵之痛。不要在痛苦上叠加痛苦,至于其他的事,就任其发展吧。

何为时间?

等待,就是将一切交给时间。这难道不是一种最消极的处事方式吗?事实并非如此。因为流逝的时间也在为我们创造开辟全新道路以及重新上路的机会。从生物进化的角度来看,时间就是在万种死亡的可能中开辟道路的最大努力。是的,生命就在那里,万物从中获得千万种原料:皮囊、鱼鳍、翅膀或花瓣。生命就在那里:它隐藏在花朵里,与群鸟一起高飞,在人的心脏和思想里跳动。时间是一种生活的艺术,它能够为人生的各种阻碍不断寻找解决方案,从万物中汲取养料,让人不断成长。"给时间一些时间",这不是一句毫无意义的叠加句(就像"猫就是一只猫"的真正意思是"实话实说"一样)。给时间一些时间的意义在于:留给生命重新振作的时间。

这就像在我们睡觉之时,大脑都会整理一天的经历一样。大多数情况下,我们越想战胜困难,就越难入睡。可事实上,睡眠本身就具有修复的功能。有时,夜晚会给我们带来建议。人们应该身心放松,安然入睡,让夜晚来塑造我们。

终结一天的艺术

孩子在熟睡时总是微微张开手掌,甚至有时还会摇晃手臂。就在几分钟之前,他们的面部表情还那样丰富,而此刻却如此安静,就像抛开世间万物一样。正如大家所说的那样:"要像在腓利臂弯中那样入眠。"确切地说,就是不让世界的重量将我们压垮。人们应该放下一切,将世界的纷扰交到其他人手中。对于那些人来说,太阳刚刚泛出红光,准备开启新的一天。因为当我们入睡时,世界另一端的太阳才刚刚升起。我大胆地猜测这是放下责任和痛苦的时刻。快乐在他人的生活中绽放,工作的汗水也流淌在他人的额间。在另一个半球上,闹钟唤醒了父亲、学生、警察、清洁工人、园丁。至于我,今天已经完成了"挫折"的额度,现在只需安然入睡即可。要想休息得好,就要做到彻底放下。就像"废黜"一位国王一样:卸下包袱,放下工作和责任,抛开各类已有的事或您自认为拥有的烦恼。

耶稣曾经提醒信徒们:"每天履行自己的职责。"然而,为了不把痛苦带到未来的日子里,人们还需要学会如何终结一天。在我们当今身处的时代,这个任务显得尤为困难,因为时间已经成为一个象征性的概念。人们已经不会浪费时间,也不懂得如何终结一天,宇宙空间的维度被彻底打乱。因为,白天之后连接的不再是夜晚,商家经常24小时营业,电脑屏幕的光就像是白天照射在我们脸上的光,如果我们愿意,可以无限沉浸在虚拟空间中,直到我们开始有睡意。可是,有睡意并不等同于一天的结束。真正能够终结一天的是不再让这一天延续的决心。

不论您是否笃信上帝,终结一天的最好方式在于放下白天侵扰我们的所有烦恼,并将其交付给上帝、生活和全人类的希望。换句话说,就是生活在当下这一刻,和今天"道别"。是的,将今天"交给上帝"①。因为,我们现在抛开的是只有未来

---

① "道别"的法语原文为"adieu",而"交给上帝"法语原文则是"À dieu"。——译注

才能告诉我们是否值得为其烦恼的问题。同时,与今天道别也意味着这一天一去不返。如果第二天挫折依旧存在,那也不必惊慌。至少我们是在新的一天面对、看待这些问题。相较前一天,我们更加放松、成熟。也就是说,我们离那些经验丰富的智者又近了一步。

放任自流?

磨难中的耐心是一种对生命的信任。所以在我看来,"完成悼念"的漫长过程为孩子们做了一个很好的示范。因为,每当孩子受伤以后,他们总会急不可待地用手指拨弄伤口,希望伤口加速愈合,却无视感染的风险。事实上,当我们受伤以后,应当先消毒,随后**任其发展**。伤口愈合的过程证明了生命远比我们更加富有智慧。因为结疤的过程就像在我们身上慢慢完成的悼念仪式。对生命充满信任意味着不要紧盯着痛苦不放,也不要试图加速结局的到来。

要知道,任其处置与放任自流的意义并不相同。后者的意义在于将自己的一切都交付给我们所信任的生活。因为就日常经验来看,到目前为止,生活都很好地指引我们走上正确的道路,而非坐视不管。然而所有的长辈、教师、充满智者的亲信都告诉我们不要放任自我,他们经常会说:"你不应该这样放任自己！你能够做得更好！现在你整天窝在沙发上,终日无所事事,意志消沉,不断怨恨自己,消极等待,你怎么会堕落成这样！这种毫无斗志的生活是给死人过的!"可是,当他们声讨"放任自我"的状态时,也应该想到每个人都会经历这样的低谷时期,如果反弹的速度过快,再次跌落的速度也会更快。所以,我们需要给自己和他人留出一段恢复期,让生命自己做主。然而,要做到这一点,就必须达到放任自流的状态。

我把这项生命低调完成的工作称为"耐心",这和中世纪初期德国哲学家埃克哈特的观点不谋而合。他把这项工作浓缩为一个词:"泰然处之"①。该词描绘的是一种彻底抛开自我的态度,以便可以真正说出内心深处的话,让心灵得到滋养。"泰然处之"意味着拥有聆听生命之声的耐心。有时,这种声音被痛苦覆盖,我们需要一些耐心才能听到低沉、轻微的声响,好似溪流在潺潺流动。要知道,小溪终将化为洪流,冲破泥土,将人们重新带回这个世界。也许此刻有一块厚重的冰块遮挡在我们的生活上,以至于水流无法轻快流淌。然而,在严冬时分催促春天的到来又有什么用?事实上,如果您仔细观察的话,就会发现白昼慢慢变长,鸟儿开始歌唱。渐渐地,冰块也开始融化,我们只需顺其自然,如此而已。

---

① 原文为德语:Gelassenheit。——译注

无法战胜的困难

遇到这种情况,您只需……然而这恰恰是最难完成的!因为,我们可能也会遇到这样的情况:长期的等待没有任何效果,时间分分秒秒在流逝,人们看似慢慢远离"事发中心",渐渐获得面对困难的勇气。然而,事实却是:随着时间的流逝,人们对事件的敏感度并未减弱。相反,随着分分秒秒的累积,痛苦似乎变得更加强烈。人们就这样不停地重复这个过程,从一个低谷跌入另一个低谷,就像在一个没有尽头的隧道里前行。

超现实流派诗人亨利·米肖曾在作品中描绘过一股与我们不断对抗的力量。这股力量类似于"划桨时的阻力",它总是极有规划地破坏人们的努力成果。在《我划桨》一诗中,亨利·米肖巧妙地将这股总把所有努力化为乌有的力量拟人化,给它自我表达的机会。每天清晨,这股反动力量都会阻止我们"破壳而出"。如果它会说话,这也许就是它的台词:

> 我在你的眼里注入一片水洼,你便失明,
> 我在你的耳朵里放入一只昆虫,你便失聪,
> 我在你的大脑里丢入一块海绵,你便失去智慧。

……你无法逃脱。

在我的脚下,你虚弱无力。

你的疲惫是一根压在身上的沉重树根,

你的疲惫是一支长长的沙漠旅队,

你的疲惫一直延伸到遥远的国度,

你的疲惫无法言说。

……世界慢慢离你远去。

我划桨。

我划桨。

我划桨来对抗你的生活。

我划桨。

我变身成无数个桨手,

为的是更用力地反抗你。

你跌落在浪涛中。

你没有了呼吸。

你还未努力,就已气馁。

我划桨。

我划桨。

我划桨。

短短几句,胜过千言万语。此处,诗人的才华展现得淋漓尽致。夏尔·波德莱尔认为"厌倦"是"最邪恶"的缺陷。他曾在《恶之花》中这样描绘道:"它将大地消耗成碎片/用一个哈欠侵蚀这个世界。"这个在我们脚下微微张开的深渊,最后将人们一一吞没。乔治·贝尔纳诺斯则将"厌倦"比作是一粒灰尘,它覆盖在万物之上,最后成为不能承受之重,让人无法站立。毋庸置疑,这是一个很贴切的比喻。一粒飞扬的灰尘,就像我们不愿做家务时的无力感。《传道书》中曾写道:"出生时你是一粒灰尘,你终将变回一粒灰尘。"是的,也许有一天我们会重新化为一颗灰尘,那一切都将变得毫无意义。

您在来回行走时,根本看不到它。但您将它吸入体内,吃进肚里,喝进嘴里。它是那么微小,纤细,您无法在唇齿间感受到它的存在。然而,只要您停顿一秒钟,它就已经遍布您的脸颊和双手。为了抖掉身上如雨水般倾泻的灰尘,您需要不停地晃动身体。所以,世界也跟着不停晃动。

是的,世界需要不断晃动才能躲过厌倦,躲过敌人。如果一旦被它无力又黏稠的爪子抓住,又将如何逃脱?心理学上将这种由来已久的痛苦称为"抑郁症"。至今为止,这种疾病仍是医学界的难题。试想,当你走入一条走廊,两边有无数扇门,推门后却发现这些门没有任何差别。在这样的情况下,除了席地而坐,等待死亡,还有其他应对办法吗?

这种毫无期盼的生活,被沙漠修士①称为"惰性"。在第一批教父眼中,惰性是教士可能坠入的最可怕的陷阱。该词来自于希腊语,也有"漠然"之意。这是一种空洞无味的生活状态,极具破坏性。抑郁症一词与教士息息相关的事实绝非偶然。教士远离尘世的目的是为了洗净欲望。在这样的背景下,他们很有可能会抛开所有欲望,即再也不会对任何事物产生欲望。身体和心灵的教义让他们对虚幻的欲望置若罔闻,也渐渐让他们对所有欲望置之不理。事实上,冷僻的地方并不是祈祷与洗涤心灵的最佳场所,相反,也许会让人的内心也变得一片荒芜。在教士眼中,没有任何人和事,甚至是上帝和至亲,能够在他们的灵魂里激起一点波澜。

这是一个复杂而深刻的问题:如何对抗毫无欲望的状态?事实上,想要解决这个问题的时候,就已经产生了欲望。同样,如何与漠然抗争,当抗争本身就是一种解脱的信号? 我们看得很清楚:抑郁、惰性、漠然、厌倦或其他类似状态并不是普通的敌人。人们希望抵抗命运的重击,然而当提起拳头时,却

---

① 专指公元 3 世纪到 4 世纪的埃及和叙利亚僧人,崇尚艰苦的禁欲生活。——译注

遇上一块绵软的面团。

这便是抑郁症的特点,在面对任何事情时都绵软无力。这种状态就像一个柔软的枕头,又像是被囚禁在一间屋子里,无处可逃。整个过程像是一场持久的邀请,让所有人类承诺从此沉睡。这场磨难就像一粒灰尘,肉眼不易察觉;也像一个仓库,低调安静。它是人们内心的敌人,静谧无声,却又无比邪恶,仿佛一个对自己充满自信的邪恶声音,提前宣告我们做的一切都将以失败告终。总的来说,这场磨难没有电光火石的冲击,没有战场,但这恰恰是最可怕的地方。

那么,应当如何从中解脱呢?抑郁症的另一个特点在于,它让人们相信自己永远无法从中解脱。我们遇到过一些人,他们会说:"我就是这么走过来的。"是的,也许你可以,但我却无法通过:我处在与你相同的困境中,但我将永远深陷其中。我处在与你相同的困境中,但我会重新坠落。最好的解决方法已经被我抛在身后,就像一个错失的良机,一去不返。也许我应该自问:我是如何走到今天这一步的?又是如何放任自己的生活慢慢被清空,不再留有任何充满生气的词句?如何让自己重燃对生活的热情?我的快乐之源为何会干涸?之前将我与他人连结的绳索去哪儿了?事实上,这些问题都证实了我的脆弱,问题越精准,我在困境中就陷得越深。应该怎么办呢?

什么都不用做,您需要的是耐心。耐心就是什么也不做。事实上,抑郁症患者也没有做任何事的意愿。如果可能的话,试着每天完成一些基本的日常动作。尤其要注意的是:不要期望能够马上痊愈,也不要定下过于"宏大"的目标。通常来讲,只需保持个人和家庭整洁即可。事实上,人们必须达到一种绝对服从的状态:我不知道为何要做这些事,但我还是去做了。比如:一件烫好的衬衫,一个从深渊迸发而出,用来回应面包店主的微笑,一个不再向地狱坠落的下午。要知道,所有这些微小的动作都是一场胜利。

最佳时机[①]

"一场胜利?这简直不值一提!"那个对抗我们的声音低声说道。"已经很不错了。这些成果并非不值一提,虽然收效甚微,但生活正是靠着这些微小动作才日趋完满。"我们反对道。为了让对方闭嘴,我们甚至还可以加上这样的话:

> "你这个与我作对的东西,你忽略了一点:生活正谨慎却坚定地为我找寻一条通向光明的道路。因为,我还

---

① 原文为希腊语:Kaïros。——译注

没有死,我还活着。'活着'意味着我的心脏还在跳动。我也承认:这颗心脏现在出现了一点问题:它跳得不再那么有力。这个现象可以解释为它正在'休假',或者正处于'农闲时分'。就像在重新播散种子之前,农民都会放任土地处于荒芜的状态。"

"好吧,通过顺其自然的做法,你也许会痊愈。但这又有什么用呢!看看你浪费的这些时间!为了解脱自我,你不觉得花费了太多的精力和时间吗?"那个凶恶的声音回应道。

在同一个隧道里耗费数年时光,确实是一件让人倍感失望的事。然而,我们仍旧可以冷静地回答道:

每天,夜幕都会降临。这个现象已经持续了两年,五年,十年。这也是浪费时间吗?确实,时间意味着时光的流逝,但它更是书写我们生活故事的章节。此刻,我绕了一个大圈,像一个流亡的逃犯那样,远离一切,苟且偷生,没有言语,呼吸沉重。然而,这也是人生道路的一部分。这段拐弯抹角的经历以它特有的方式将我带向条条道路都能通向的罗马。也许,我会与红脚鹬一起抵达,它们走的路一定比我更多。

换句话说,今天才是所有生活的起点。也许,您也听说过一句英国俗语:"今日是余生之初。"①要想从厌倦的魔沼里解脱,就需要有这样的信念:虽然此刻深陷泥潭,但要相信最好的生活还在后面。我们无需转身核实,只需一路向前即可!

在《圣经》第一卷中,曾记载过一个这样的故事:罗得的妻子在逃离城邦时,由于转身回眸被变成了一根盐柱。在《希腊神话》中,也有类似的故事:俄耳甫斯前往地狱去寻找自己的爱人欧律狄刻,同样,由于在路上转身回眸,他失去了自己的爱人。在抑郁症的可怕世界里,人们需要时刻记住这一点:一旦前方出现一道亮光,请勇往直前!是的,在无尽的黑夜里,有时也能瞥见一丝光亮。比如:朋友之间的逗趣,一段偶然听到,却直击心灵的乐曲。是的,晨曦就在眼前,启程上路的时候到了。

在希腊语中,"Kaïros"一词(在法语中没有类似词汇)可以概括以上所有内容。"Kaïros"意为恰当的时机:在此之前太早,在此之后又太晚。这个概念似乎由亚里士多德提出,但该词被更多地运用于医学领域,用来判断用药的最佳时间,或军事战略领域,用来决策何时发起进攻。在烹饪行业,"Kaïros"一词常用来判断何时需要加入佐料,火候如何等。对于我们来说,应该抓住恰当的机会,在见到光亮后勇往直前。

---

① 原文为英语:Today is the first day of the rest of your life。——译注

不要随意将磨难"降级"

之前已经提到过,厌倦、抑郁、惰性是最糟糕的磨难。有人可能并不认同这个说法:人们又怎么知道什么才是最糟糕的磨难呢?难道痛苦还被分成不同的等级?当然不是。在至亲离去后,有些人痛苦的程度更深,痛苦的时间比他人更长。同样,痛苦没有客观的等级之分,同样的遭遇,在不同的人身上所产生的效应也千差万别。

然而,我们不得不承认,虽说所有的挫折都不容忽略,但确实也有大小之分。如果拒绝承认这一点,就等同于将所有问题都混为一谈。这也是为何我不认同"完成悼念"一词的第二个原因。要知道,人们不仅可以看到悼念的过程,更需要体验、经历这个过程,而非单纯的"完成"。另外,这个短语总被错误、过度地使用:人们会说,对自己的工作、公寓、没有买到的毛衣完成悼念……

诚然,这些生活中的点滴有时就像我们所珍爱的人,一旦错失,也会让人感到难过。其中,没有什么比失恋更让人痛苦的事情了。然而,就算是痛苦的失恋也无法与真正的悼念画上等号。因为,在失恋中真正让人痛苦的是爱人依旧活在世上。虽然此刻他与我们生活在同一个世界上,但却不在身旁,而是与其他人生活在一起,甚至可能都没有想到我。这对失恋的人来说才是真正的折磨。

所以,不要轻易将有些问题混为一谈,比如:将一间公寓与一个逝去的朋友摆放在同样的高度。也许有人会反驳道:"如果在谈到工作或其他问题时用了悼念一词,是不是可以理解为人们在生活中为死亡留出一席之地?"事实上,提出这个问题的人一定忘记了生活"关注自我"的特性以及死亡的真正含义。在当今这个社会,死亡的场景总是被清理得十分干净(通常发生在医院里,鲜有在街道或停车场上),以至于人们几乎忘记悼念是一种非常痛苦的体验,任何其他事情都无法与之相提并论。

然而,有人为了扩大悼念一词的使用范围,解释道:"从某种程度上来讲,离开也是一种死亡。"具体来说,离开家乡,辞去工作,都是一种死亡。然而,您也许应该加上一句:**死亡,是永久的离开**……一去不返。事实上,所有的离去都暗含重聚的希望。而悼念的过程却让希望升华为期望。相较希望来看,期望是一种更为模糊,却更为强烈的期待。神学家曾这样描绘过期望:"在绝望中怀有希望。"[1]这便是期望。

---

[1] 原文为拉丁文:contra spem in spe。——译注

对逝去的人怀有期望,首先需要跨过一道坎:人们期望与故人重聚,就要怀有信念,让这段关系上升到新的境界。我们要相信那个逝去的至亲仍旧在我们身边,只不过是换了一种形式存在而已。要做到这一点,人们就必须将缺席理解为一种存在的神秘方式,这种想法让人感到安慰,我们必须坚信自己的想法。我们爱的他或她已经离去,他们在我们的生活中留下幸福美好的痕迹,这种幸福必将延续。法国哲学家加布里埃尔·马塞尔[1]曾经说过:"爱就是不由自主地会说:你不会死去。"爱情,真正的爱情没有年龄之分,人们的爱可以超越虚无,还原逝者生的状态。另外,回忆让我们对逝者饱有鲜活的记忆,不断重温过往丰富的生活,并在脑海中丰富这些故事。随着时间的流逝,这些记忆与我们共同成长。

毋庸置疑,那件没有买到的毛衣无法产生相同的效应,也无法带来同等的力量。让我们试着用文字游戏来概括以上内容:如果不能压抑怒火和悲伤的话,那也不能将需要悼念的磨难"降级"[2]为程度较轻的磨难。正视磨难的另一层含义在于:提前接受某些磨难注定无法与其他磨难相提并论这一事实。

---

[1] 加布里埃尔·马塞尔(Gabriel Marcel),法国哲学家、剧作家及文学、戏剧、音乐评论家,同时也是存在主义的主要代表之一。——译注

[2] 在法语中,"压抑"和"降级"均来自于同一个词:"ravaler"。——译注

"就这样吧。"

在文学作品中,不乏有许多悼念的痕迹。在莱昂·博莱瓦①的《日记》中就有一封留有悼念痕迹的信。莱昂·博莱瓦曾是一位热诚的天主教徒,在与一位名叫薇洛妮克·罗尔的妓女相遇后,他改变了宗教信仰。通常,人们将他归于"世纪末的作家"。这群生活在19世纪后半叶,经历了法国大革命和工业革命洗礼的作家,对这个世界抱有怀疑,甚至批判的态度。他们通过各自的方式,常常抛出这样的问题:"20世纪的人民被各种'奇迹'所包围,是否能和谐相处?"在这些作家中,当然有我们熟知的夏尔·波德莱尔。还有文笔优美又犀利的于尔·巴贝·道勒维②、维里耶·德·利尔-亚当③、若利斯-卡尔·于斯曼④……当然,莱昂·博莱瓦也是其中一员。他

---

① 莱昂·博莱瓦(Léon Bloy),法国著名小说家和散文家。其主要作品有:《绝望的人》《可怜的女人》等。——译注

② 于尔·巴贝·道勒维(Jules Barbey d'Aurevilly),法国浪漫派作家。——译注

③ 维里耶·德·利尔-亚当(Villiers de l'Isle-Adam),法国象征主义作家。其代表作有:《未来夏娃》等。——译注

④ 若利斯-卡尔·于斯曼(Joris-Karl Huysmans),法国伟大的小说家。其代表作有:《逆天》《该诅咒的人》《起航》《抛锚》《玛特,一个妓女的故事》等。——译注

们易怒却仁慈,灵魂充满战斗性,眼眶中却又饱含泪水,容易被一切美好的感情所打动。

莱昂·博莱瓦的狂热状态很大程度上源于他的痛苦。一方面,他是当时文学评论界的牺牲品,他把当时评论家们的行为称为"沉默的阴谋"。另一方面,他的生活一直都很贫苦。他将两个儿子的离世归咎于自己的贫困。在49岁时,他又遭受了一次命运的重击。1895年11月12日,他给一位名叫亨利·德·格鲁的朋友写了一封信:"亨利,我几乎因为悲伤、疲乏和恐惧而死去!在过去的六十多个小时里,我独自一人照顾两个年幼的孩子和他们的母亲。我没有吃饭,没有睡觉,痛苦又贫困!"也许,他将会失去自己的孩子和心爱之人。"我深陷黑洞……我的上帝啊,深陷黑洞!"然而,在信的末尾,他又突然换了一种语调,补充道:"就这样吧。为了靠近上帝,这也许是一个恰当的位置。"

这句"就这样吧"等同于"阿们"、"但愿如此",或"好吧"。好吧……可是,又如何接受这样糟糕的状况,并同时怀有感恩的心态?面对自己的妻儿,莱昂·博莱瓦仍然无力支付医药费和基本的生活费用。所以,为了在磨难面前体现自己的力量,人们需要在某个特定的时刻学会说"好的"。我们需要在哀怨的信件结尾,换一种语调,卷起袖子,再次回归。

这句画上句号的"就这样吧"让我想到另一颗深沉的灵魂,他同样也懂得适时妥协。在《弦乐四重奏第16号作品》的手稿中,我们看到贝多芬潦草地写下一句话:"如果真要这样的话,那就这样吧!"[①]我不清楚贝多芬在当时遭受了怎样的苦痛,但却可以看到他的内心轨迹。从艰苦绝望的抗争中解脱出来,适时妥协,顺其自然,为自己在磨难中开辟一条新的道路。

事实上,莱昂·博莱瓦的这句"就这样吧"充满智慧,与后面那句"为了靠近上帝,这也许是一个恰当的位置"连接自然。人们可以看到,当身处绝境时,很多人都会写下称颂上帝的赞歌。赞美诗的魔力在于,它能够以一种凄婉的方式,很好地将咒骂、歌颂、唾弃它的人融合在一起。莱昂·博莱瓦在信的前半段抱怨了自己的生活,这份痛苦来源于他的内心深处,让他从被束缚的沉默中解放出来。最后,这封信又成为一首赞歌,或一首诗。按照莱昂·博莱瓦的话来说,这首赞歌在"发出回响"的同时,也停止自我毒化,自我循环,停止在自己身上浇上毒液。"为了靠近上帝,这也许是一个恰当的位置",这句话的真正含义在于:在无法快速反弹之时,只有在最深的洞穴中才能发出响亮的回响。

---

① 原文为德语:Muss essein? Es muss sein。——译注

所有发生的事情都值得被热爱

事实上,莱昂·博莱瓦在信的末尾又加了一句话,表达了自己对命运屈服的意愿,让人担忧:"所有发生的事情都值得被热爱,非常讨人喜欢,我的眼睛里满是泪水……""所有发生的事情都值得被热爱",这怎么可能呢?难道莱昂·博莱瓦有受虐倾向吗?

就我个人而言,当我读到这句话时,脑中首先闪现的就是这个问题。在这句表述中有一些十分病态的元素:他对自己和家人遭受苦难所表现出的态度,几乎比磨难本身更加不近人情。另外,莱昂·博莱瓦似乎将自己的信仰当成是躲避重击的一种方式:既然上帝安排了这一切,那么这一切就值得被热爱。看到这里,我甚至有大声喊叫的冲动:"这也太容易了!"确切地说:"把最困难的部分抛开,这也太容易了!"

在我看来,信仰并不是躲避命运重击的托词。圣保罗曾经说过:"和那些哭泣的人们一起哭泣。"基督教葬礼并不禁止大家流泪,甚至鼓励流泪。然而,如果信仰成为一种"保护伞",让人们忽略大家的痛苦,那么,我情愿放弃信仰。因为,如果无法感受他人的痛苦,又如何获得仁爱之心?在博莱瓦的故事里,难道您没有看到耶稣也为他的朋友拉扎尔的离世而哭泣吗？

事实上，莱昂·博莱瓦并不禁止自己流泪："我的眼睛里满是泪水……"，他承认道。毋庸置疑，上帝凌驾于万物之上，但却不能成为我们抵抗不幸的保护伞。回到这篇文章的标题：《所有发生的事情都值得被热爱》，让我们试着分析一下这句话背后的深意。值得注意的是，莱昂·博莱瓦并未说："在美好的世界中，一切都很顺利。"相比这句话，原句的力量和豁达之处在于它加入了时间和空间的概念。首先是时间：莱昂·博莱瓦没有说现在人们就要喜欢这里的一切，认为一切都很完美。"值得被热爱（adorable）"的后缀为"able"，类似于"可行（faisable）"中的词缀。意为：虽然现在解决方法还不得而知，但一定会有结果。博莱瓦这句话是对耐心的召唤，耐心就是对生命的信任：给时间一些时间。

再者，"热爱"一词到底包含何种意义？是赞同、加入的意思吗？并不完全是。在童年时代，长辈们曾向我传授了许多宗教信条，现在这些信条大多已经被淡忘。总结来说，就是在我梦想成为一名骑士时，他们却不断要求我成为一个善良的人。时至今日，我依旧记得母亲温柔的提醒：当我或我的一个姐姐说："热爱汉堡"时，她总会纠正道："你很喜欢汉堡。"言下之意是："我们只能热爱上帝。"这句话在我的脑海中留下了深刻的印象。然而，我7岁的大儿子可没有我当年那么温顺，听到同样的话,他反驳道:"为什么就不能说热爱汉堡?"在回答他的时候,不得不让我重新思考"热爱"一词的真正含义,并试着向他解释"热爱"并不等同于"很喜欢"。

好在莱昂·博莱瓦并未说自己"很喜欢"所发生的一切。在我看来,热爱是一种凝望。在凝望的过程中,人们对所见之物感到至上、彻底的满意。换句话说,它的存在就是一切。就像在"敬仰圣体"的仪式上,天主教徒热爱圣体一样。在圣体显供台上,放着一块象征上帝的面包。崇高的上帝化身为一块小小的面包,更显出人类渺小、崇敬、专注的样子。于是我这样对儿子说道:"如果大家都说热爱汉堡的话,那么快餐店的队伍就会完全变成另外一副模样。一位顾客说:'我想买一个洋葱汉堡!'此时,出现在人们面前的不是穿着溜冰鞋的服务员,而是两位神职人员。一位手提香炉,另一位做着各种宗教手势。收银的教士虔诚地问道:'您是带走还是在这里吃?'因为,快餐店已经受过洗礼,更名为慢餐店。每天晚上都有教徒守在汉堡面前,表达内心的崇敬之情……"

那么,"热爱"一词到底何意? 在我看来,热爱是建立在空间维度的一种行为:人们凝望却不触摸,不伸手,不占为己有,甚至不用理解自己的所爱之物。当莱昂·博莱瓦说:"所有发生的事情都值得被热爱"时,他一定没有忘记热爱的本质在于"看",而非品味或触觉。所以,热爱也意味着保持距离。总结来说,莱昂·博莱瓦的这句话含有时间和空间的概念,充满智慧。它似乎在告诉我们:"终有一天,你将与磨难保持恰当的距离。不近也不远。不过于靠近是为了在面对磨难时,人们不会发出惊叫。不过于疏远是为了在面对磨难时,人们不会漠然置之。终有一天,生命的意义将尽情展现。而现在,您唯一需要的就是耐心。"

* * *

也许有一天,人们突然获得某种力量,或者将我们几乎吞没的水位突然降低,人们终于从水中探出头来。此刻,便是我们可以开始思考磨难意义的时刻。耐心发挥了它的效应:人们长期坚持,不再痛苦上叠加痛苦。在这样的努力下,只要水位一旦降低,人们便可更快地浮出水面。这时,人们需要分辨召唤他们的声音:有的声音让人气馁,有的声音则让人奋进。我将在下一章论述经历磨难的第三个阶段。在完成惊叫、等待过后,我们要学会分辨。

人和山

五图寓言

3

……登山者非常勇敢,他终于攀达顶峰。有两次,他差点摔倒。细小的石子擦伤了他的膝盖。当他坚持不下去的时候,便抬头望一眼天上的鸟儿……

4

分辨的时刻

对可能发生的事做好准备

正如大家所言,在磨难初期,分辨几乎是一项无法完成的任务。因为痛苦摧毁了人们看清事物本质的能力。

不管怎么样,分辨是一条必经之路。如果跳过这一步的话,人们就会犯下同样的错误,怀有同样的空想,甚至在面对困难时转身逃避。在深陷困境时,我们要学会等待。而在试着逃脱困境时,却要明白生活无法给予人们一切,在它无能为力之时,我们也不应消极等待。事实上,哲学的意义就在于此,它引发人们对世界的思考,为的是更好地让自己的期望与世界相连。这里,我们着重论述斯多葛主义的智慧所在,它告诉我们只能对自己能力范围内的事情产生欲望。

也许,斯多葛学派的精华都在《爱比克泰德手册》中。爱比克泰德是公元2世纪的一名奴隶。这位"哲学家奴隶"在自己弟子的帮助下完成了这本智慧手册。所谓"手册",就是人们可以"拿在手上","双手可以够到"的东西。起先,也许是类似瑞士军刀或欧皮纳尔品牌的刀具,用来防身。不难发现,《爱比克泰德手册》适用于各种情况。它告诉我们人生而为人,而非动物的所有条件。在这本手册中有许多简单的戒律,这些戒律将现实"分割",让人看得更加清晰。在爱比克泰德的指导下,我们慢慢分辨出什么是可控的,什么是无法控制的。比如,有一天人们终将死去,这是无法控制的事实。而是否充满智慧地度过这一生却可以由自己掌控。面对那些无法控制的事,我们应该接受、认同。因为面对终将逝去的人生,嘶吼一声又有什么用呢?至于那些可控的事情,我们应该尽全力做好。

在信奉斯多葛主义的学者看来,第一件可控的事情是"判断",或"展现"。具体来说,就是人们看待事物的方式。如果说,发生什么事情是无法控制的,那么如何看待既成的事实却是可控的。例如,汽车发生故障,是无法预测、无法掌控的事。然而,以何种心态来面对这件恼人的小事,却可以由人们自己决定。我们可以尽其所能,以幽默、缓和的态度处事。事实上,以不同的心态面对同一件事情,效果截然不同。您可以坦然处之,也可以声嘶力竭地诅咒自己。再以汽车发生故障为例,有些人可能会暴跳如雷,而另一些人却能和检修人员打成一片。要知道,这是人类自由的绝佳例子。虽然我们的能力有限,但在处理问题的方式上,人们却能够获得更大的自由。

斯多葛主义的方法充满哲学性。它习惯从事物的本质出发,依照其"本性"行事。同时,该学派也要求人们等待事物最真实的状态。举一个例子,有人前往泳池游泳,被嬉水的孩子弄脏了身体。他勃然大怒,大声咒骂孩子,这是一种有失风度,甚至违背人性的行为。从字面上来看,"勃然大怒"意味着超越人性的界限①。换句话说,在暴怒的状态中,人已不受自己控制,丧失智慧与成熟的气度。然而,如何避免暴跳如雷呢?关于这个问题,《爱比克泰德手册》做出如下解释:是去泳池还是留在家中完全取决于他自己,而泳池的状况却不受控制。从本质上来说,泳池就是一个"公共浴场"。那么,"浴场"意味着"水","公共"意味着"其他因素":其他人,其他辈分的人,其他行为。所以,**从本质上来看**,前往泳池意味着承受被弄脏身体的风险。如果您仔细思考就会发现:溅到身上的水花是无辜的,为此大发雷霆是极为荒唐的行为,因为一切都是我们自己的选择。

---

① "勃然大怒"的法语原文是"hors de soi",直译为"在个人之外",意译为"勃然大怒"。——译注

在日常生活中,并非**所有事情都会发生**。如果您因为曾经听说泳池中会闯入手持刺刀的疯子,就身着盔甲前往泳池,那是一桩十分荒唐的行为。然而,我们要为**可能的事情做好准备**,对自己想要做的事抱有期待。当然,也要做好接纳他人和水滴的准备。比如,在启程前去度假时,就要迎接各种延缓行程的突发状况,和孩子没完没了的提问(通常,在出发二十分钟后,他们就会问:"我们是不是马上就要到了?")。同样,只要人存活于世,就会衰老。这是一个不断成熟,最后收获的过程。我们可以努力锻炼,保持体形,但却清醒地意识到皮肤终有一天会起皱。爱比克泰德曾在《手册》中列举了很多类似的例子:如果有一天我有了好几个孩子,就免不了发生许多日常的争吵,我甚至会大喊大叫,发泄心中的愤懑。然而,想到有些单亲爸爸或妈妈需要独自抚养三到四个孩子时,又会感到很庆幸。所以,人可以发怒,但要清楚一点:现实有它自身的逻辑,任何任性的行为都无法将其改变。

你在期待什么?

面对磨难,人们也许会自问:"你到底在期待什么?"通常情况下,如果您将这个尖锐的问题抛给别人,一定会让对方感到失望,并增加他的痛苦。事实上,这个问题常常出于那些玩世不恭者之口。这些人为了不受到命运的伤害,选择提前气馁或失望。这些玩世不恭者甚至都算不上失败的玩家,因为他们根本就不屑于参与世间的游戏。他们看着其他人投身于游戏之中:不断恋爱、感动、尝试。当有人跌落时,他们就会冷笑道:"我就知道会这样!噗……你到底在期待些什么?"此时,他们便以胜利者自居,觉得自己比他人更聪明。因为他们挽回了自己的面子,其他人却颜面扫尽。

就我个人而言,我情愿不去挽回颜面。当我重重跌倒时,就会想:跌倒本身并不荒唐,放弃生活,失去尝试一切的勇气才是真正荒唐的行为!不去冒险的人就是一无是处的人。

然而有时,提出"你在期待什么"这个问题的人不但没有恶意,而且相当真诚。显然,这些提问者都不是玩世不恭的人。另外,人们也可以试着为这个问题添上斯多葛学派的色彩。从本质上来看,这是一个对生活抱有期待的问题。然而,我们真的有权利对生活抱有期待吗?

首先要注意的是,期待是一种既紧张又凝固的状态。在等待公交车时,我们急得跺脚,却又无法远离车站,生怕错过汽车。换句话说,期待是受阻的行动和消极的态度融合在一起的心理状态,有时微微让人感到有些不适。人们不禁要问,期待是否是面对生活的最好姿态,我们是否可以通过期待获取自己想要的东西?不难发现,"期待"一词也意味着"苛求"。

"我期待您能为我做出解释!"这是一种缺乏耐心的表示……"你对生活抱有何种期待?"这是一个危险的问题。因为这个问题包含两层意思。第一,所有的一切都应该理所当然地降临在我们身上。第二,人们所期待的一切,都是我们有权利获得的。"我希望有一个好的仆从,他不会计较加班的时间!"贵族太太高呼道。是的,您可以这么要求,但生活不是我们的仆从。生活只会服从那些愿意冒险,愿意为自己投入精力的人。

然而,"你在期待什么?"又是一个很精准的问题。它能够揭露那些"被宠坏孩子的缺点"。他们只会苛求,却不懂得朝着自己的愿望努力迈进。事实上,这个问题让人们最终明白,我们只能对**生命的馈赠之物**有所期待。生活给了每个人一个可以移动的身体,一颗用来跳动和爱的心脏,一口用来跑步和生存的呼吸……生活是力量、成长、活力,就像一束需要供给的火焰,要求人们为之"付出努力"。如果人们不再关注生活,便与死亡无异。要知道,生活在馈赠之后,只要求人们做一件事:跟上馈赠的节奏,与生活一起奔腾。事实上,接受生命馈赠的唯一方式是让馈赠之物变得更为丰富,而非索取其他事物。现在,也许我们能够明白"你在期待什么?"的真正含义:所有的一切都在你的眼前,都在你的身上。它们虽然属于你,但只有在你融入自己的努力之后,这些馈赠才能发挥最大的效应。

父与子

当我们试着分解"你在期待什么"的含义时,发现玩世不恭的态度就像一件防火衫,可以抵御生活的伤痛;而"你在期待什么"这个问题却让人们更加感恩生命的馈赠,并慢慢开始懂得我们可以对生命抱有怎样的期待。如果一位温柔的父亲想帮助儿子重新站立起来,并告诉他这个世界很真实,没有妄想,也没有扭曲的现实,那他也许会对儿子说这样的话:

> 我的孩子,生活不是由一个问题,而是由一个回答开始的。你也许会问:"为何生活如此艰辛?为何是我?为何是现在?"事实上,生活先于所有这些为什么,因为它是原因的本源。当你问它为什么时,它只能回答你现实就是如此。"为何生活如此艰辛?""因为生活原本就是这样。"在回答"我就是这样"时,生活不带有任何恶意。为了让你引起警觉,也许生活会加上这样的话:"怎么说呢?我给了你们一个脆弱又随时在衰老的身体,所以你们更要努力铲除花园中的荆棘。那些希望我变得更好的都是些什么样的人呢?首先,他们是一群危险的人,他们无法尽情享受生活,无法适应世界。他们可能是疯狂的学者,

国家政要,或手握权力之人。他们将世界变成一座法庭,因为他们的内心无法得到满足……"

此外,父亲也许还会对儿子说:

我的孩子,生命无法由你开始,因为生命始终走在你的前面。生命贯穿我们的一生,在它的旌麾下,你选择交付出自己的一部分,生命则回赠给你最后的决定。另外,生命中的第一句话也属于生命本身。在你还不会说话之时,第一声啼哭便来自于生命。事实上,女人在生孩子时的喊叫,就是迎接生命的呐喊。这便是上帝的决心:"就这样吧!"于是,生活便成了现在的样子,而非其他模样。

我的儿子,你可以永远怀有这样的美梦:在这个世界上没有死亡,人们不会争吵,不会跌倒,也不会经历任何挫折和磨难。当死亡和悲伤给你带来太多痛苦时,你可以高喊一声:"为什么?"然而,你将获得和约伯一样的答案,后者也曾经这样问过上帝。这句"因为世界原本就是这样"的答案耀眼夺目。当约伯让上帝解释自己不幸的意义时,上帝却让他环顾四周,看一看他所创造的世界和万物。他让约伯发现雨水之美,这些雨点滴落在无人居住的沙漠上。他低声告诉约伯当看到幼鹿远离自己,不再回来之时,母鹿那种无以名状的痛苦。他还向约伯展示大海的壮美。是的,我的孩子,世界本身就是证明自己的绝佳范本:它始终保持着原本的样子。完满的生活就是接受世界的一切规则,找到属于自己的位置,完成该做的事情,愉快、精妙地完成使命。

我的儿子,不要期待生活会变成其他样子。在你问它"为什么?"时,它只会回答你:"爱我吧。"

生而为人的野心

需要注意的是,为生活中所有可能发生的事情做好准备的目的是免遭生活的侵害。这里,我要特意突出"所有"这个词。"所有"的意义在于接受生活中的一切。但这并不代表人们需要遮掩自己的欲望,破坏幸福的承诺。是的,我在这里再次重申,人们要学会接受生活最本真的样子。反过来说,人们也可以收获生活所有的馈赠。我们可以将以上内容总结为这样一句话:期待生活,最真的生活,以及生活的全部。

这句话的意义何在?事实上,这句话的含义非常具体。举例来说,我有五种感官功能:视力、听觉、嗅觉、味觉和触觉。在我看来,"期待生活,最真的生活,以及生活的全部"意味着将视力转化为目光,用眼睛发现世界的美,欣赏大师的作品,或者在接受礼物时,看到他人对我的含蓄爱意。至于耳朵,它不仅用来听清周围的声响,还可以用来聆听朋友的倾诉以及深沉的音乐作品。嗅觉是为了闻一闻世界的味道。味觉则帮助我品味所有食物的滋味(当然也包括那些苦味食物)。最后,我的皮肤可以感受微风的轻抚,也可能遭受命运的"蛰咬"。这样看来,我的身体就是一套完整的程序,一个需要履行的伟大承诺。

成为受害者

磨难中的分辨环节,不仅能让人们知道可以对生活抱有何种期待,还能让人们在磨难来临之时,知道应当如何应对。在我看来,分辨"成为受害者的事实"和"成为受害者的身份"至关重要。在日常生活中,我们总会成为某件事的受害者:暴击、辱骂、羞辱、纠缠……然而,真正的挑战在于承认以下事实:某人试图侵犯我的人格,在某种程度上,他似乎达到了目的。换句话说,试着承认自己是"恶"的受害者,这场磨难让我感到痛苦。要知道,承认脆弱恰恰是充满勇气的表现。我承认有个怀有恶意的人成功地破坏了我的生活,让我的幸福之源从此枯竭。

事实上,如果说承认自己是受害者需要很大勇气的话,那么成为一个"受害者"则是一件相对轻松的事。"成为受害者"就是将灾祸转化为自己的身份,或转化为一种新的生活方式。那么,何为受害者?在我看来,受害者指的是那些只为自己的不幸而存在的人。他们信奉这样一句话:"我受苦,所以我存在。"要知道,以受害者身份自居的人常常具有极强的攻击性。因为,只要有受害者,就一定有刽子手。这些刽子手都是谁呢?可能是您,可能是我。以受害者自居的人常会将那些与自己截然相反的人视为刽子手。

当人们阻止孩子做某事时(倚靠在窗边,在晚饭前的20分钟吃大量的糖果……),总能听到他们的喊叫:"你真坏。"我们有多少次和这些孩子有同样的反应?当我的妻子质疑我怪异的举动时,我又对她说了多少次:"你竟然对我说这些话,真是太坏了。难道你不知道我曾经遭受的痛苦吗?(在童年,青少年时期,尤其是上周所遭受的痛苦。)"事实上,我的潜台词是:"不管怎样,我做的没错。因为是你说的话伤害了我。"

如果真如大家所言,真相伤人,那么很多人会提前选择成为一个受害者,来回避伤害。然而,这种做法无异于选择生活在谎言之中。另外,在"受害者"之间常能见到这样的场景:当有人诉说自己的伤痛时,对方马上反驳道:"我也是,我也曾遭受痛苦!"于是,一场怪异的战役打响,仿佛大家身上的伤疤都是他人所造成的。人们开始比较各自身上的伤痕。这种比较与凯旋的战士不同(比如,357年在色雷斯抵抗斯巴达人的那场战役),而与病态的攀比类似,对解决实际纷争没有一点帮助。

面对此番情景,只有一种解决办法:虽然我们无法阻挡灾祸的降临,但却可以自主地调整对待伤痛的方式。我皮肤上的窟窿也许会给他人带去痛苦,也可以让他们沉默不语。承认自己是"恶"的受害者需要谦逊的姿态。同样,将伤痛带往生而非死的方向也需要这样的姿态。在迟暮之年,我们的内心也许会问:"你如何发挥了自己的才华? 你是否将自己的天赋发挥到极致?"然而,也许它还会问:"你是如何处置自己的伤痛的?"那时,我们又将如何作答?

过度聆听

是的,有些人会向我们不断抱怨、诉苦。然而,我们又怎能去责备这些深陷痛苦的人呢? 要知道,有时诉苦会转变性质。具体来说,当人们聆听朋友、亲人的不幸遭遇时,可能会成为"恶"的同谋。所以,在聆听之时,我们也要完成分辨的任务。需要注意的是,在聆听时,我们能为受害者提供的是空白的纸页,或一片开放的土壤,没有期待也不带有任何的判断。可是,聆听也包含其他含义:聆听者应当抓住时机,让对方停止倾诉。因为到了某个阶段,倾诉已经没有任何意义。事实上,一个好的聆听者懂得在适当的时机改变现状的轨道,让对方不再深陷于受害者的泥潭中。在某个时候,聆听应该自动消亡,这样倾诉者便可重新回归日常的生活。有时人们会说:"你总是过于关注内心的声音。"其实,我们应该说:"你还不够关注内心的声音。如果你的关注持续了足够长的时间,就不会再聆听内心的声音。相反,如果你过于沉溺于内心的声音,就会对生命之声感到麻木,无心投入生命之战。"

说到这里,尼采有关同情的理论也许能让我们产生兴趣。对于这位德国思想家来说,聆听也许会成为"恶"的帮凶。同样,那种希望所有人脱离苦海的同情心也可以成为毒药。

在《快乐的科学》的第338段中,尼采引导读者思考被人们称之为"同情"(如今,大家更愿意将之称为"情感同化")的真正倾向。不论是"同情"还是"情感同化",本质上都是通过情感帮助他人,或多或少为别人分担痛苦的行为。然而,尼采却大胆地提出一个有悖常理的问题:"面对一个痛苦的人,人们是否应当怀有同情之心?"

尼采与同情的思考

在尼采看来,同情的问题在于将他人的痛苦转移到自己身上:我遭受他人的痛苦。于是,单份痛苦分化为了双份痛苦!尼采补充道:这就是为何真正崇高的人通常独自承担痛苦,避免四处诉说。他们停止将痛苦转移给他人,开始试着分享别人的快乐,即便当下他们无法拥有同样的喜悦。

更有趣的是,尼采并不欣赏那些热情帮助亲人的行为……他认为这种方式对那些痛苦的人没有一点好处。是的,每个人的道路都很曲折,陡峭,甚至布满荆棘,然而,我们又如何改变这样的事实呢?难道就因为您热爱自己的亲人,就能为他们阻挡所有的磨难吗?事实上,您在阻挡灾祸时,也挡去了越过山峰后的美丽风景。尼采曾经写道:"那些充满怜悯之情的灵魂只想帮助他人,却忽略了一个事实:每个人都有遭受不幸的必要。惊吓、贫苦、低谷、黑暗、风险、失意都可能发生在你我的身上。要知道,这些灾祸和幸福一样,都是人生的必需品。"

尼采补充道:"如果以一种神秘主义的方式描绘的话,可以这样概括:在通向天堂的过程中,人们势必会感受到地狱的快感。"

毋庸置疑,在特蕾莎修女身上有一种对爱与正义的渴求。这种渴求会在她行善之时让她感到晕眩,也会给予她脱离绝望的勇气。然而,如果特蕾莎修女能够摒弃这种渴求,也许会变得更加"幸福"。可是,这种幸福又显得过于苍白无力,无法成就特蕾莎修女之后的壮举,也无法让她说出这样的话:"如果你想建造某样东西,就要知道有人可以在一天之内将其毁灭。但你还是应该将它建造起来。"特蕾莎修女的信仰非常深沉,人们将这种信仰称之为"信仰的黑夜"。然而,她也会时常陷入痛苦和怀疑的深渊之中。特蕾莎修女在给自己神父的信中,这样描绘道:那些她照看的穷人,那些因为乞讨而被截肢的孩子,那些自生自灭的病人,他们虽然都是外部世界的生活写照,可却也是她内心的真实反射。她经常有一种被剥夺快乐,被所有人抛弃,精神世界贫瘠的感受。她甚至觉得自己给穷苦的人带来希望,内心却越来越空虚。

我们可以从特蕾莎修女的经历中认识到一点:期待是一种高于希望的存在。在特蕾莎修女贫瘠的内心世界中,她始终坚信:爱是自主产生,而非人为赠与的产物。通常情况下,爱只有在不经意间,或在相当纯粹的情况下才会产生。另外,特蕾莎修女在绝望的深渊里也渐渐理解了"忠诚"的含义。如果一切顺利进行,人们是否还能保持真诚?这也是为何当她向自己的心灵导师倾诉内心的痛苦和绝望时,后者从不建议她"放缓速度","享受放松的权利",或"简化生活"。因为,虽然导师对特蕾莎修女保有同情之心,可却更尊重对方的使命。他知道特蕾莎修女的路途艰难。有什么比一个虔诚的教徒帮助他人,却慢慢丢失希望更糟糕的事呢?是的,这条道路崎岖不平,可这是她的道路,真正属于她的道路。

尼采曾经写道:"如果你的朋友感到痛苦,那就给他一张床,一张硬床。"换句话说,张开双臂欢迎他,给予他温暖,但不要给他一张可以深陷其中,混沌度日的温床。如果您不愿这么做,尼采又补充道:"放任他,只会将痛苦叠加到您自己身上。"如果您感到痛苦、不快,他会说:"糟糕、讨厌的事物都应当被清除,因为它们都是生命的污点。"事实上,您想帮助他人的意愿,为他简化生活的决心,都是基于"舒适崇拜"的行为。这也是为何尼采总结道:"啊,你们这些热情、舒适的灵魂,对人类忠诚问题还所知甚少! 要知道,幸福和不幸是一对孪生兄弟,两人共同成长,就像你们生活中所看到的那样!"

分辨不同的"恶":自我给予的"恶"与应对承受的"恶"

是的,那句"幸福和不幸是一对孪生兄弟……"就像一击警钟。如果人们想确保不幸和幸福"共同生长",首先就要注意到人们总是担心生活过于简单的事实。除了人们应当承受的"恶"(关于这一点,我已经在之前的几章里做了详尽的描述),还有人们在清晰的意识下,自愿给予自己的"恶"。在人类的历史长河中,"自我给予丑恶"是一件屡见不鲜的事。因为,人类是一种不甘于现状的生物,总是喜欢给自己设置许多障碍。比如,在欲望和欲望之物之间设立屏障。最典型的例子是,为了在性欲和激发性欲之物之间设置障碍,人类制定了许多法律、条规、底线和道德标准。这些条例拯救了欲望所向之物(比如,充满吸引力的女人),让他们免遭猎人暴力的捕食和侵害。

那么,"禁止(interdit)"的真实含义到底是什么?从字面上来看,"dit"原意为"说",这里暗含"不要这么做!"之意。"entre(inter)"原意为"之间",这里主要指的是欲望和欲望之物之间的关联。连起来看,就是不让欲望一下得到满足。人类在冲动时总是缺乏耐心,却又极富创意,常能将冲动升华到一个新的高度。比如,在南美洲的一个部落里,明确规定禁止食用自己族群的食物。在这样的情况下,家族里的父亲需要和其他家庭或部落的人交换食物。于是,个体消耗就转变成了一种社会联系。不久以前,在欧洲的家庭里,人们还会在餐前念诵餐前祝福经。在冬天,浓汤冒出的热气预示着温暖的天气即将到来。餐前,大家一遍一遍说着感谢的话,感谢那些辛勤工作的农民让我们可以在现在享受到可口的食物。在念经的过程中,人们的胃口仿佛受到了抑制。就好像当人在原始的冲动之后知道所有(或几乎所有)的一切都是馈赠时,突然被文明所驯服,然后做出相应的回应。

让人称奇的是:满足感到来得越晚,欲望则变得愈加深刻。要知道,中世纪的骑士没有权利扑向自己的意中人。根据当时的习俗,骑士首先要创作一首诗来献给自己的心上人。如果(我是说"如果")他有幸获得佳人的芳心,事情并未就此了结。骑士还必须以贞洁的方式,在一周的时间内,与意中人同枕共眠。具体来说,两人都必须赤裸着身体睡在同一张床上,由一把剑隔开,禁止任何越轨的行为。如果两人的结合并非出于肉体的欲望,或者说,两人是因为身体以外的因素相互吸引的话,他们便可通过考验。考验结束后,两人便会举行盛大的婚礼,庆祝爱情战胜欲望,或者说精神力量战胜本能冲动。

不论是通过剑还是话语,人们总是喜欢迂回行事,以对抗自己急躁的心态。苏格拉底曾向恩迪马克问道:"这条通往集市的路是否是最近的?"后者回答道:"这确实是最近的一条路。"苏格拉底回答道:"那好,我们还是走其他路吧!"另外,集体饮水也是一个能够证明人们喜爱迂回行事的绝佳例子:在就餐点吃饭的孩子不能将手直接伸向水壶,而是需要求助于身边的人。首先,他们要呼叫同伴的名字(第一道步骤),礼貌地请求他将水壶递到自己手中(第二道步骤)。现在,他会将壶中的水一饮而尽以解口渴吗? 不会,他会请求他人将水倒出(第三道步骤),随后再将水倒入自己的杯中,而非自己的嘴里(第四道步骤)。为了喝一口水……足足需要经过四道步骤。事实上,餐碟旁的餐具也时刻提醒我们作为人的职责,即不能立刻进食。

"不要狼吞虎咽!""在吃饭时要保持良好的礼仪!"这样的提醒由来已久。此外,人们也总在毫不留情地遏制人类其他的倾向:懒惰、散乱、疲倦、幼儿般的脆弱或无礼……因为,人类是直立动物,而非四脚撑地的野兽。我们属于天上的繁星,因为人们可以用精密的仪器观测天空,而非仅仅寄情于大地。每天清晨,人们舒展身体,开始新的一天,就像舞蹈演员完成的一个优美动作,而非蜷缩在自己的天地中。是的,我们呈现给世界的是一个骄傲的灵魂、一颗跳动的心和一个清醒的头脑。毋庸置疑,精神(头脑和心灵)控制肉体(肚子和小腹)。

在尼采看来,将人性升华到如此高度,是一种冒险又暴戾的行为。在他眼中,自古以来宗教的职责就在于制造各种磨难,让人类变得更加文明。**斋戒**,如果不实行斋戒的话,心灵和大脑就会被肚子取代;**禁欲和克制**,在某些器官上印上神圣的标记,就能阻止我们沉沦酒色,碌碌无为;**祈祷**,为的是让我们的感官变得更为敏锐,以便读懂文字里的赞美之意;最后还有**空间与时间的建构**,有时,人们无法以真实的面貌前往某地(只有在快餐连锁店才能看到这样的标语:"请以最真实的状态前往我店")。就像在特定的时间,都需要完成特定的事情一样,比如:说话、沉默、休息、跳舞等。尼采认为,并不是人类创造了宗教,而是宗教创造了人类。在他看来,如果"残酷系统"(仪式、操练、艺术、乐理……)不复存在的话,那人类文明也将灰飞烟灭。如果没有这些限定的话,人们只会机械地依靠本能做出反应,那么这个世界上也就不再存有持久的人性。从这里我们可以看出,磨难带给人们的痛苦并非不值一提,或出于偶然。相反,它是人性的重要组成部分。所以,生而为人就必须付出相应的代价。

为了变得更为美丽,是遭受痛苦还是莞尔一笑?

在尼采的作品中,我们还发现这位哲学家十分反对享乐主义与功利主义。在他看来,把行动的价值建立在欢愉(享乐主义)和效用(功利主义)上,这种思维模式僵化无用。他认为,如果人类追寻的不是"惬意的状态"(即简单生活的舒适感),那他将会一事无成。尼采曾经对当时的享乐主义者疾呼道:"我同情你们!""如果有可能的话,你们想摈弃一切痛苦。然而,根本就没有'这个可能';而我们呢?确切地说,我们希望痛苦比任何时候都来的更猛烈一些!"接着,他补充道:"因为,这便是痛苦(巨大痛苦)的真谛。难道你们不知道吗?这一真谛创造了迄今为止人类世界的所有文明。"

这里,我们有必要重新探讨和分辨这一问题,而不是偷偷地将自己变为一个痛苦有益论者。毋庸置疑,磨难培养我们成为一个文明的人,但这是否就意味着遭受痛苦是一件好事?我们需要分辨的是,虽然磨难让我们成为一个更加完整的人,但却不能过分推崇苦难。因为过度颂扬挫折,就会低估磨难所带来的巨大痛苦。

现在再看尼采的思想,可以发现他是一个彻头彻尾的痛苦有益论者。在他看来,不是某件事情赋予痛苦以意义,而是痛苦赋予某件事以意义。因为磨难让人们感到痛苦,这使得我们对产生痛苦的事情(即便是荒谬的事情)发生兴趣。事实上,关于战争,也是一样的道理。尼采曾经写道:"不是理想让战争变得神圣,而是战争让所有理想都变得神圣。"换句话说,人们应当为一项高尚的事业奋斗。如果为了一件荒唐的事不断付出的话,那一定是为了承受理应承受的痛苦。回到之前的那一句话:"而我们呢?确切地说,我们希望痛苦比任何时候都来得更猛烈一些!"这里,尼采想告诉人们的是:不论这项事业是否正确,我们都能在完成这项使命后变得更为强大……

我不禁想加上一句"强大还是死亡!"来驳斥尼采赞颂痛苦的观点。我们都知道他那句经典名言:"那些没有消灭你的东西,会使你变得更强大……"是的,然而这句话的前提是你没有被消灭！事实上，不是所有的磨难都值得被经历。比如，为了冒险，人们必须承受被截肢的痛苦，这种痛苦又有何意义呢？我们更应当做的，是谨慎行事。这就需要人们分清两种类型的磨难：一种是我们自己制造的磨难，因为这种磨难能帮助人们成长；还有一种是我们被动接受的"愚蠢磨难"。在接受第一种磨难之前，我们必须提前认可以下观点：为了成就美丽，必先遭受痛苦。我想，芭蕾舞演员的双脚一定深谙此道。事实上，这种人为选择、期待的磨难必定附属于一项真正具有意义的事业。事业的意义引发人们奋斗的动力，这种动力并非来自磨难本身。所以，在这里痛苦不会产生任何意义。举例来说，并不是因为我脚疼，所以我是一名舞者……而是为了成为一名舞者，我愿意遭受痛苦。我们应该通过微笑来成就美丽。换句话说，认识到我们为之奋斗的事业所内含的美丽。

至于第二种类型的磨难，那种愚蠢、凶悍、"突如其来"、让人避之唯恐不及的磨难与任何事业无关，甚至带有些许荒唐的色彩。如果面对前一种伟大、美丽的磨难，人们需要提前认可痛苦，那么面对第二种荒唐、尖利的磨难，人们则需要在事后认可痛苦。这里所说的认可，不是那些痛苦有益论者所认为的"期待磨难"，而是当挫折出现在我们生活中时，学会热爱痛苦。然而，人们又怎能做到期待痛苦呢？事实上，磨难从不会迎面而来，它通常从侧面或背后向我们袭来。从字面上来看,我们经常"撞见"灾祸,灾祸让我们"异常痛苦"。法国著名哲学家保罗·利科曾经说过:"遭受痛苦通常意味着遭受过量的痛苦。"所以,从本质上来看,痛苦是一种让人生厌的感受。这也是为何当人们遭受痛苦时,总感到无法承受。"够了!"我猜想所有的痛苦有益论者都说过类似的话。在这样的时刻,尼采也许会前来祝贺我们变得更加强大,而我们却只想将他送出门外。不难发现,"让人期待或讨人喜欢的痛苦"本身就是一个充满矛盾的概念。具体来说,人们期待痛苦,也就意味着将痛苦调试成符合自己期待的样子。然而此时,痛苦早已失去原本的意义。要知道,我们自行选择的痛苦并不是真正的痛苦。从这个意义上来说,痛苦有益论者的观点十分荒唐。如果痛苦真是一件讨人喜欢的事情,那么它可能不再是或还称不上是真正的痛苦。

如果人们并不指望世界上没有任何磨难(也就是所谓的玫瑰色人生),那么我们也不应当期待生活中出现过多的痛苦。是的,我们需要与想象中的幻景做斗争。因为人们经常幻想自己成为一个斗士或圣人;幻想自己能通过这次磨难,获取一段真切的人生体验……可事实上,我们想象中的磨难与真实存在的磨难相距甚远。比如一个革命家在战斗前夜幻想自己会成为一个烈士,然而现实中的考验却是陪伴生病的妻子度过漫长岁月;一位教士历经艰难险阻,试图达到某种神秘的境界,可他面临的真正困难,却是和淳朴的村民分享日常生活。

幸福的人也有故事

现在我们已经了解如何在磨难前、磨难中和磨难后完成正确的分辨环节,也明白真正能够让人们投入全部欲望,让我写下这几行文字,或将这本书捧在手心的东西只有生命的喜悦。所以,为了扮演英雄角色,试图在自己的生活中放入些许佐料,通过自己的幻想或预期来破坏这份喜悦的行为无疑是让人遗憾的。然而,我们却仍旧经常听到一些枯燥乏味的说法(也许说话的人是为了打破既有的秩序):"幸福的人没有故事。"

难道只有经历痛苦的人才有故事吗?我们只需想一想:如果一个人终其一生被所爱之人环绕,友谊常伴,免遭灾祸和算计,每天都能度过一段美好的时光;如果一个人可以免遭挫折、疾病、孤独、无聊的痛苦,又有什么可以抱怨的呢?事实上,幸福人的生活本就如此,在他们乐观的视角下,世界永远处在一种绽放的状态中。我们又怎能相信他们是没有故事的人呢?诚然,他们的快乐也许并不张扬,但却是他们生活的底色。在这种祥和的基调下,幸福者虽然远离不安、厌倦、反叛,但却也有血有肉,有笑有泪,每天都用心地书写着自己的生活。所以,他们的幸福同样是真切、踏实的,没有必要加入任何不幸的元素,就像没有必要在清淡的醋味色拉中加入胡椒一样。

这可能也是为何我反对以下观点的原因,有些人总喜欢把天堂描绘成一个百无聊赖,永恒却空洞,让人提不起兴趣的场所。作为一个基督教徒,对我来说,永恒意味着一种深切的大爱。有了爱的关怀,人们便不再需要颤抖和悸动,更无需加入任何恶的元素。伍迪·艾伦曾经说过:"永恒非常漫长,尤其是在最后阶段。"然而,我们经常忽略了生活中的"永恒时刻"。比如,在一个好友相聚的夜晚,时间的概念几近不复存在。人们常会惊叹悄然逝去的五小时就像只过了一小时一样。只有身体的疲乏或清晨闹钟的响铃才能终止这看似能永恒延续下去的美好时光。

不,永恒并不漫长。只有当人们像洛奇·瓦伦丁一样生活时,永恒才会变得漫长。具体来说,就是无止境地填补空白,却又担心没有空白可以填补!我的意思是:这是一种让人感到厌倦、无望,不再对任何事情产生欲望的状态。事实上,真正的永恒近在咫尺,它来源于爱,同时也浸润在爱之中。至于爱,就是在自己身上和心中藏着另一个人。换句话说,爱可以赋予我们某种空白。在这样的背景下,人们怎会恐惧无聊?

怎会担心缺少需要填补的空白?在爱中,空白与欲望已经提前存在。心中有爱之人无需填补空白,他们可以将快乐带给身边人,热情迎接生命中出现的每一个人。

　　事实上,人类简单、谦卑的生活已经非常充实,无需再加入任何内容。同样,人类之爱异常脆弱,所以我们也无需从生活中去除任何内容。这就为小说家和剧作家出了一道难题:在三百页的小说或两小时的电影中讲述一个幸福家庭或完美友谊的故事,无疑有些无趣、愚蠢。然而,这样的小说或电影虽然无法使读者、观众的呼吸变得急促,但却能让他们感受到生活真正的气息。这也是为何当我在阅读约翰·范特的小说《全力生活》时感到身心愉悦的原因。这是一本自传体小说,书中唯一的戏剧高潮不是迎接作者年迈、爱管事的父母,而是迎接作者第一个孩子:乔伊斯·范特。约翰的妻子在怀孕的过程中,感受到心灵与身体上所承载的爱,深受震动。她是一名新教徒,生性刻板、理性,想让孩子接受天主教的洗礼仪式……于是,约翰·范特父母的到来便成了一件恼人的事,他们将自己的宗教传统带入这个家庭中:一种"意大利式"的虔诚和对巴洛克风格的热忱。然而,这一切并不重要。整本小说充满柔和的语调,表述了所有家庭成员与生活慢慢妥协的过程。所有的细节都显得轻盈、有趣,记录着一个男孩的出生,他握紧拳头的样子,他泡在水中皮肤皱起的形态。有一天他终会明白,他是通过母亲的孕育才得以与这个世界相遇。

在阅读这种被阳光浸润的作品之前,或者在等待永恒之爱来临以前(这种爱不会自我重复,只会自我滋养),我们首先要承认每个人都有关于磨难的故事,任何人都无法幸免。那些幸福之人也有挫折的经历,只是他们在经历挫折时都很低调,也不会在磨难里加入恶的元素,来增加"生存体验"。换句话说,他们十分珍惜自己所获得的一切,对所拥有之物抱有很高的接受度和敏感性。所以,幸福的人不会随意与他人交恶,引起冲突,通奸媾和,或"犯下一些蠢事"。对他们来说,现实中的内容已经足够丰富,他们可以伺机填补空白。此外,幸福的人既能接受亲吻,也能接纳破损。他们为前者感到欣喜,又能治愈后者。罗伯特·贝莱尔曼曾创作过一部名为《眼泪益处》的动人作品,在该书的第三部分里,一个17世纪思想深刻的普通人,头脑清晰地写下这样一段话:"不论幸福或不幸,富有或贫穷,健康或疾病,荣誉或风暴,一个真正的智者从不刻意追寻或逃避这些时刻。"

* * *

分辨就是解开缠绕在磨难中的各类因素:什么是我可以

决定的,什么是不受我控制的;什么是我可以要求他人做的,什么又是必须由我自己独自承担的。或者,什么样的磨难我可以事先接受,什么样的磨难我却只能事后妥协。然而,分辨不同于理解。理解意味着试图找到磨难的逻辑和必要性。诚然,我们之前曾提到过,人们不应该为磨难正名,因为这样做无疑会让痛苦翻倍。然而,这并不说明我们不需要适当退后,看清形势。从词形上来看,"理解"意味着"拥入怀抱"①。毋庸置疑,拥抱是一种和解的姿势,象征着我们终于谅解生活所赋予的一切。

---

① "理解"的法语原文为"comprendre"。其中"prendre"有放入、拥入等意。——译注

人和山

五图寓言

4

……登山者不再年轻。持续跨越障碍看似让他接近山顶……然而,他越接近目标,却发现目标变得更加遥远。他能够成功达到目的地吗?每天清晨,他恢复体力,再次出发……

5

拥抱磨难

磨难的必要性

根据个人的接受情况,磨难可以是眼前的一个深渊,将一切掩埋。当然,磨难也可以是眼前的一片空地,慷慨地迎接一切可能。

当磨难大张旗鼓地闯入人们的生活时,它低声向我们说道:"从今以后,你只能热爱这样的生活,仅此而已。要知道,能够让你心跳加快的不仅有喜悦,还有痛苦。"我们必须提升接纳世界的能力,学会接受生活的高潮与低谷,就像孩子捡起一块巨大的石头,将它藏入口袋中,却会慢慢将口袋磨坏一样。

所以,磨难确实有其存在的必要性,这种必要性主要包含两层含义:一方面,一旦挫折闯入生活,人们必须下定决心,勇敢与其对抗。另一方面,在对抗时所产生的勇气,又让我们成为一个真正完整的人。如果人们试图将磨难遮掩起来,那他势必拥有一颗没有躯体的灵魂,或一具没有灵魂的躯体。

首先是没有躯体的灵魂:它相当于一个纯净的精神世界,一个游魂,或一个抽象的概念。在这样的背景下,磨难成为一种回归地面与现实的有益手段。不管人们是否愿意,磨难都会将我们塑造为"永恒的农民",匍匐在人性的大地上,注定无法成为天使。阿蒂尔·兰波在《地狱一季》的尾声部分曾这样写道:"我!不论是占星师还是天使,都摒弃了所有道德。我回到大地上,带着找寻粗糙现实的任务!农民!"年轻的阿蒂尔曾在某段时间里幻想自己凌驾于万物之上,不受任何事物和人的约束,充满诗意地在这个天堂般梦幻、抒情的世界里翱翔。然而,现实却比梦境更加艰难、沉重:"悠闲的青年时期/奴颜婢膝/微妙的关系/我失去了生命。"

"微妙的关系":指的是反叛的资产主义者与讲究的资产主义者之间的对抗。兰波放弃放浪形骸的生活,重新成为一个"农民"。换句话说,他开始努力抓住躯体,体验被他称之为"粗糙现实"的生活。

说完没有躯体的灵魂,我们现在来关注一下**没有灵魂的躯体**。如果没有磨难的介入,这样的人将会成为一个机器人,一台机器或是一具僵尸。在这样的情况下,磨难就像是一根扎入肉体的刺。它让我们的心脏重新开始跳动,并发出响声。任何试图让我们远离磨难的行为,实质上是将个体变为自动木偶的过程,也就是让个体脱离一切肉体的依附。如果没有爱的磨难,没有信任,没有在心中为他人留一个位置,人类就会成为一瓶喷雾,一个影子,或成为阿道司·赫胥黎《美丽新世界》中那些幸福却空洞的人物。是的,磨难确实能将我们唤醒。只要磨难一旦存在,除了与之对抗之外,人们别无选择。任何其他的姿态都是一种欺骗行为,是放弃人性的一种表现。

是的,磨难让人们充满战斗力。然而,矛盾的是,为了成为一个真正完整的人,我们首先需要对抗的是那些虚假的和平,那些为我们承诺一个顺利人生的幻景。

用心……损害自己

"如果种子不死,就不会结出任何果实。"这是耶稣的一句名言。然而,磨难却可以在我们的灵魂中划出一道深沟,人性的种子在这条深沟中死去,于是便能结出果实。法国哲学家居斯塔夫·蒂蓬(1902—2001)在日常"耕作"中深谙此道。这位"哲学家农民"(人们经常这么叫他)操着阿尔代什口音,深知在等待泥土变得肥沃的过程中,需要足够的耐心。在这个过程中也许会经历严冬、干旱或雨涝。他知道润养泥土的无声艺术,在灾难天气中如何保护种子。他也知道种子需要经历怎么样的艰辛,才能顺利完成翻土环节,才能拨开茎脉,透过枯叶,接收到一缕明媚的阳光。

居斯塔夫·蒂蓬熟知耕种的艺术,他在自己从未发表的日记中曾抛出一个简单的问题:"对于人类来说,什么是好的,什么是坏的?"然而,这个问题的答案有些复杂。他指出:"被人称作'好的'事物,也许是邪恶的。而被人称作'坏的'事物,却是美好的。"人们可以选择沉睡在舒适的道德空间里,也可以弥补自己犯下的罪过。同时,居斯塔夫·蒂蓬也表明,有些事情永远都不正确,比如:"不论在什么领域,都不愿承担一点风险。或者,消极地分散注意力,让自己陷入困境的做法。"在给出这些例子时,居斯塔夫·蒂蓬似乎发现了分辨好与坏的标准:"对于人类来说,好的事情一定能在人的身上划出一道深沟,虽然这个过程会将我们划破。例如:努力、危险、责任、牺牲、爱情、痛苦,这些事情能让人欢愉,也能将人推向罪恶的深渊……"

很快,他又补充道:"人们只需毫无保留地全情体验,不论是把它当成美食或毒药,只要不把它当成可以随便品尝的佐料即可。"即便对于一个基督徒来说,问题的核心从来都不是犯错(人非圣贤,孰能无过?),而是努力弥补过错,展现原谅的力量。

哲学家继续说道:"对于人类来说,坏的事情一定会将人压成扁平的形状。例如:过度安逸、简便、心不在焉、无意识行动。"是的,在一个耕作者眼中,无意识行动预示着一种偶然。同样一个举动,也许对今年的收成来说是好事,对于明年的收成来说又成了一件坏事。因为第二年白霜来得更早,或者一些家禽无法忍受夏日炎热的天气。渐渐地,我们学会专注于当下,没有一件事可以自动生成。简化生活的后果在于:人们渐渐丢失了自己的力量。

在居斯塔夫·蒂蓬1975年写的日记中,他这样评价当下的时代:"文明被置于缓和器中(舒适、安逸、心不在焉、镇痛药的大量使用、安乐死等)。"在"缓和"一词中,包含着"死亡"[①]。在这里,"缓和器"意味着保护人类免遭外部世界的侵害。也就是说:"让人们免除命运的猛烈撞击。"这样做的后果是让我们变得更加空洞,不再深刻。

具体来说,什么才是真正的缓和器呢?软性毒品、真人秀、电子游戏等等。总的来说,就是一切可以磨平现实棱角,让人们苟活于世的事物。事实上,就算是最高的精神修行,也可以成为阻碍人们尽情生活的有力手段。人们常说禅意的冥

---

① "缓和"法语原文为"amortir",其中包含着"死亡"("mort")一词。——译注

想可以帮助我们脱离现实生活,甚至凌驾于生活之上,变得遥不可及。佛教的智慧教导我们,人的生命和珍视的至亲都只是一场幻景,所以人们要学会超脱。在这里,超脱只不过是拒绝生活的委婉说法。另一个例子是:我有一个笃信基督教的朋友,他的儿子走上了歧途,他对我说:"自从我信教以来,我就不再担心我的儿子。"随后,便任由他发展。我的另一位穆斯林朋友,迷上了取悦上帝。"从此以后,我便不再自省。"他用胜利者般的口气对我说道。

有些人对命运的重击怀有防备之心,并试图通过深思熟虑以避开生活之重。相对于这些人,我更偏爱那些会怀疑、寻找、哭泣、抽烟的人。因为他们仍会为走失的孩子感到担心,虽然深受其苦,却敢于承认心中的痛苦。简而言之,他们依然在与生活抗争!事实上,安逸的状态并不真正适合生活。人生在世,所谓安逸的状态只是暂时的"休战",它是和平的前奏,是愉悦时光里划上的虚线。然而,纯粹的安逸状态却有些怪异,因为它与死亡如此相似。

我们之所以反对智者和圣人这两种特定人物,也与之相关。或许,在描述这类人物时有些夸大其词。智者洞察一切。正因如此,当磨难降临在他们身上时,就像水滴落在鸭子的羽毛上一样,不足为奇。智者将令人晕眩的震怒,将人们试图向上帝发出的呐喊和被爱的痛苦欲望全都留给了无知的人。至于圣人,则总是充满焦虑,因为他常受疑虑困扰,为爱颠簸。在这样的情况下,他们总被当成是一个疯子。耶稣推倒耶路撒冷庙宇旁小贩的铺子,为了将他们一一驱赶。弗朗索瓦·达西赤裸着身体,追赶一位偷走他长袍的乞丐,一边追一边大声呼喊。他手里拿着鞋子,试图与乞丐交换袍子。要知道,他所持的这双鞋子制作精良,而那件棕色粗呢做的衣服上却满是虱子和破洞。由于照顾那些贫苦的孩子,特蕾莎修女夜夜祈祷,并坚持了五十年之久。总的来说,智者的目标是完善个人的幸福,而圣人则带着自己的愤怒、贫穷和疑惑走向上帝或人群。

"因为她爱的很多"

事实上,圣人并非恪守规则,清楚自己的言行。宗教帮助他们坚定信仰,生成一种凌驾于众人之上的智慧。照理来说,他们应当非常反感抹大拉的马利亚这样的女人。然而,事实却并非如此。根据历史记载,抹大拉的马利亚生活很不检点,很有可能是一个妓女。一天,她在吃饭时间闯入西蒙的家中,恰巧那天耶稣也在西蒙家中用餐。西蒙是一个行为正派的法利赛人。抹大拉的马利亚进门后,突然跪倒在耶稣的脚下,洒上香水,用眼泪打湿了他的双脚,随后又用长发将眼泪抹干。这系列举动非常具有象征意义,甚至含有色情的意味。不管怎样,这样的行为都显得不合时宜(一个犹太女人不能在公共场合披头散发,更不能用头发去轻拂一个男人的双脚)。毋庸置疑,抹大拉的马利亚的行为引起公愤。西蒙暗想:耶稣也许并不是一个先知。不然的话,他不会忽略这个众人皆知的事实(抹大拉的马利亚是一个罪人),并将她安排到自己的家中。

然而,西蒙的推断并不正确。耶稣非常了解抹大拉的马利亚。他并非通过道听途说,外界流言或她的名声来了解抹大拉的马利亚,也不担心被他人看到自己与这样的人同处一室。耶稣通过抹大拉的马利亚内心的欲望来了解她。他了解她的内心:他理解一个失足女人的内心,知道她在经历过肉体欢愉和爱情冒险后,仍旧笨拙却热切地寻找真正可以填补内心的爱。耶稣以这样的方式,迎接抹大拉的马利亚的到来。当抹大拉的马利亚看到耶稣后,她突然明白自己寻找的爱并不存在于可被消耗的人和事中,而存在于人的一种天性中,一种可以完全释放自我的友善眼神中。耶稣对西蒙说道:"我们可以原谅她的很多罪过,因为她爱的很多。"

"爱的很多",是一种数量上的表达,而非"非常爱","得体地爱"或"根据要求爱"。作为一个智者,西蒙总为各种规则担忧,而耶稣却很愿意到这位正直之士的家里用餐。然而,行为正直并不意味着可以阻挡背负深重罪孽和爱之渴求的人前行的脚步,比如阻止抹大拉的马利亚的到来。要知道,她丰富的内心情感几乎盖过了她所犯下的"罪孽"。事实上,那些被人们称之为圣人的人,都曾经是罪孽深重的罪人,只不过他们后来都完成了重大的人生转变。有时,这些人可能会再次堕落。然而,他们却从不曾忘记在过失和放纵的间隙,书写一段与上帝之间爱的故事。对他们来说,最糟糕的不是错爱(谁又能标榜自己生来就懂得爱呢?),而是以某种规范为借口,依照所谓的智慧,在应当爱的时候,爱得不够。

如何"制造"和平:法庭

总的来说,圣人默认自己可以承受各种冲突,而智者则希望通过正确的原则让自己凌驾于人生争斗之上。事实上,真正的和平无法脱离冲突的考验。人们常会提到"开放的冲突"这个概念。要知道,冲突也同样对和平开放(当然,不是所有类型的和平)。概括来讲,一共有两种类型的和平:一种是人为制造的和平,一种是人们不屑一顾的和平。"快讲和吧!"这种命令式的语气意味着只有当我们向对方摊开双手而非紧握拳头之时,才能顺利从一段冲突中抽离。毋庸置疑,所有的和平都是耐心克服战斗的结果。"让我安静一会儿!"这时,讲话人的目的是为了获取片刻平静。从本质上来看,此时和平对他来讲并不重要。因为这种和平并不扎根于冲突内部,而是流于表面,所以显得并不深刻。

这样看来,法庭是一个很好的例子。在审判时,已发生的暴力不可避免地公之于众。在听取罪犯的种种罪行时,社会不得不面对很多由它而起的暴力。对于罪犯来说,他被迫聆听受害者所遭受的痛苦,试着体会他们的感受。比如,某个入室抢劫犯的目的只是为了偷取一些钱财,却在聆听受害者讲述时了解到对方那些因他而起的精神苦痛:对于这个寡妇来说,那些被罪犯贱卖的首饰,包含着深刻的情感价值,可谓无价之宝。

事实上,法庭不但无法避开暴力,还会接纳暴力。要知道,在审判时,*真正的冲突才刚刚开始*。具体来说,任由对方抨击是承受暴力的一种方式。在受到攻击时,人们几乎没有还手之力,甚至没有时间反驳或回击。法律为受害者提供上诉的可能,让他们在审判时可以诉说自己遭受的苦难,也让原本"单边"、盲目、无声的暴力,转化成一场真正的战争。而被告一旦被认定为罪人,也必将为自己的行为付出代价。由于官方机构的介入,在解决这场冲突时,裁决者的天平似乎都会偏向受害者。另外,出乎人们意料的是,司法公正并非与报复完全无关。更确切地说,这是一种*制度化的报复*,已经远远超出普通报复的范畴。形成这种局面的原因是因为法律直击冲突内部,并试图理清脉络。要知道,躲避暴力并不能获得真正的和平,只有直面暴力,通过法官公正的裁决(法官有一把象征警力和法律的剑,来协助裁决),才能获得和平。

不难发现,审判现场就是发生冲突的最佳场所。当然,审判的目的是为了理清冲突的脉络。在审判时,人们不仅需要一幕一幕还原犯罪的场景,还以一种严谨、忠诚的态度,带着各自的律师,将所有人明确划分成两个阵营。在"辩护环节",双方彼此对峙。两方律师特意突出某些特质,不遗余力地将对方妖魔化。虽然歪曲事实是明令禁止的,但是律师常常以"别有用心"的方式诠释事实,这种做法几乎已经成为一种艺术。一旦罪犯认罪,不论之前如何辩解,都要获得相应的惩罚。至于受害者,在尽情表达完自己的伤痛后,终于可以释然。

所以,我们只有通过这样或那样的方式,亲历暴力,才能真正从中解脱。布莱士·帕斯卡曾经说过:"想成为天使,首先要成为一头野兽。"因为只有先成为野兽,才有机会将其驯服,并赋予它人性的光辉。同样,为了避开天使主义,人们需要深入暴力的中心,才有可能真正脱离暴力。要知道,躲避冲突的最好方法是先滋养冲突。

原谅,遗忘,道歉

毋庸置疑,战胜罪恶无法通过忽略罪恶来实现。有时,假装若无其事比直面失败、痛苦、愤怒更让人感到劳累。能够承认自己被打败，受到伤害，或犯下过错需要极大的勇气。然而，人们总会混淆遗忘（淡出记忆）和原谅（彻底释然，战胜磨难）这两个概念。要知道，原谅并非遗忘。原谅意味着接受侵害，将其铭刻心中，并把这段过去的危机化为人生中的一个篇章。

在面对仇恨时，所有人都知道我们需要爱和获取胜利的勇气才能说出这样一句话："好了，这没什么！"当然，大家都不是傻瓜，都知道这句话近乎"荒唐"。因为这句话意味着将受害者和他受到的伤害分离开来。从表面上来看，这句话是公开原谅他人的一种方式。因为它传递了这样一层意思："侵害从未发生，对我来讲，侵害并不存在。"有时，人们刻意装得若无其事，否认犯错者对自己造成的伤害的原因是为了尊重对方。然而，有些孩子故意犯错，恶作剧的目的却是为了引起父母的注意。对于某些家长来说，忽略墙上的涂鸦，是一种最为便捷的解决方法。事实上，他们在忽略涂鸦的同时，也忽略了孩子想表达的内心感受，对他们的需求置若罔闻。正确的"流程"是：罚站，责备，泪水，父亲或母亲的拥抱和安慰，原谅。当人们决定原谅某人，并说"这没什么"时，实质上是想表达："我受到的伤痛不会被怨恨毒害。我原谅你：你对我的触犯不会对我们的关系产生任何影响。"至此，人们从"恶"出发，书写了一段更加坚固的友谊传奇。

事实上,人们不但会混淆原谅和遗忘,还会将原谅与道歉混为一谈。通常来讲,"他道歉",或者"他向我表示歉意",如果理由真实可信,我们便可原谅他。再举个例子,当公共汽车在乡村公路的拐角处突然抛锚,我还是否能准时到达?不能,但我无需为此承担责任,因为迟到的原因不在我;我可以"置身事外"。然而,如果我以电子游戏没有结束为理由解释自己迟到的原因并道歉,却会被认为是拒绝承担责任的行为。当犯错者以某种借口推脱自己的责任时,人们时常有理由拒绝他的请求。短语"请求原谅"暗含这样的意思:犯错者承认自己犯错,但犯错本身是他的自由。同样,他也让对方自由选择是否原谅他。"我请求你的原谅。"是的,只要犯错者承认错误,对方已经愿意原谅他一半。因为当犯错者勇于承担责任(比如,不断地重复:"我是不可饶恕的")时,他就像一个自由因子,让人产生信任感。相反,如果一个犯错者总是试图弱化自己在整件事里的责任,不断地"为自己找寻各种理由",必将削弱自由意志,陷入尴尬的境地:如果他无法自由行事,他又能做什么呢?

一个年轻人说道:"是的,我和你最好的朋友上了床。可是,是她先主动找我的。而且那天我喝醉了。还有,如果你了解我童年的话,就会知道我的父母很早就离婚了。所以,原谅我,不行吗?"

年轻女孩能做的就是原谅他,然后以最快的速度离开他。因为这样的人经常通过外部条件来决定自己的行为。换句话说,他们严格遵循"决定论"的原则。当同样的条件再次出现(酒精、挑逗、不幸的童年),他一定会按照原本的方式再次行事,就像是在遵循一套精准的行为机制。相反,如果这个男孩在犯错之后,说出这样的话:"是的,我喝醉了,她主动投怀送抱……但不管怎么样,我都是不可饶恕的。我请求你的原谅。"他的爱人虽然受到伤害,却听到了对方的承诺。同时,也知道他将外因和自己的行为分离,将行为的主动权掌握在自己手中。

事实上,人们在否认自己所需承担的责任之时,也在否认自己。毋庸置疑,放弃自由行事的权利终究是一件遗憾的事。

约瑟休妻

所谓开放的冲突,指的是通过冲突为生活开辟更多可能。约瑟的故事印证了这一点。他从不畏惧说出自己的痛苦,并最终战胜了磨难。您一定已经猜到,我说的是《新约》里的约瑟,他常被大家称为耶稣的"父亲"。

《圣经》里几乎没有对约瑟做任何描写,只写道:这是一个"沉默寡言"的人。对于这个低调的人物,人们所知甚少。只知道他听从天使的指令,同意已经怀有身孕的玛利亚来到自己家中(玛利亚通过圣灵怀孕,但当时约瑟并不知情)。可以看出,约瑟善良、忠贞、低调、谦逊。然而,人们却忽略了一个重要的细节:在得知玛利亚在婚前就怀孕后,约瑟打算休妻。可他并不想公开自己的决定,为的是保全玛利亚的名声,让她免遭流言蜚语的侵害。要知道,在当时那个年代,行为放荡的女子需要受到严厉的惩罚。不管怎么样,他仍然决定休妻,履行犹太律法。

约瑟是否是一个遵循法则的人?作为现代人,我们也许希望他"出于爱情",或"出于宽容"接受玛利亚。说到底,这到底是不是一件严重的事?诚然,玛利亚怀了别人的孩子,可将这样的事套入严苛的法规里,随后引发严重后果,又有什么意义呢?这和我们内心真实想法是否背道而驰?是的,人们应当以相对主义的态度看待这个问题!

在约瑟看来(当然是在绝对主义的视角下),他认为这件事是"恶"的,并付诸相关行动。他承认自己受到了伤害。然而,正是在这个时刻,天使向他道出真相,告诉他玛利亚是无辜的,并希望约瑟能够信任她。玛利亚没有情人,她是通过圣灵怀孕的,因为对于上帝来说,"没有什么事情是不可能的。"我们可以猜测,也许一开始天使责备约瑟不够豁达,然而事实并非如此。据说,天使是通过"托梦"的方式与约瑟沟通。要知道，根据《圣经》的传统，梦境意味着自由发挥的时刻。事实证明，在遇到挫折并付诸行动之时（得知玛利亚的"私情"），约瑟并未封闭自我，这为天使向他和盘托出实情创造了条件。

相反，约瑟可以出于"宽容"、惰性或漠然接受了玛利亚怀孕的事实，因为在当时社会，也曾流行这样一句话："所有的女人都是水性杨花的"，所以这么也做并不奇怪。然而，如果他这样做，那么，就不会有这次自由发挥的机会，天使也不会借机向约瑟敞开心扉。不难发现，正是由于约瑟在磨难中体现出坚持和勇气，才造就了这次自由碰撞的可能。之所以说约瑟充满勇气，是因为在休妻时，他拒绝当众羞辱她，放弃了制造丑闻的机会。这样做的结果是他不但需要承担失去玛利亚的风险，还需要承受丧失个人尊严的屈辱。当我们像约瑟一样贫穷、一无所有时，只能通过自我供给来实现再次富裕。

安慰与回报

也许人们会问：如果约瑟被动接受玛利亚怀孕的事实，如果他并不需要天使的安慰，那天使是否还会托梦与他沟通？有时，只有在经历伤痛之后，光明才会照射在我们身上。在法语中，"to bless"，带有"创伤"的意思，而在英语中却有"祝圣"

之意。逃避磨难,或阻止他人遭受痛苦,都是阻断未来所有可能的做法。约瑟的故事最后收获了完美的结局,那是因为他从未否认伤痛,也从未弱化"恶"的力量。在约瑟看来,虽然一开始他感到非常失望,但和成为上帝的养父相比,这些痛苦都不值一提。

完美结局是为那些需要正面结果的人准备的。另一些人,则更愿意追求"回报",让事情回到平衡的状态。换句话说,就是让一切都回归到原本的位置。在"回报"的过程中,磨难不复存在,一切归零。而在安慰的过程中,磨难被慢慢修复。此时,"安慰现场"俨然成为展现坦诚和浓烈之爱的场所。也许,我们不该刻意追求回报,只需保留自身优势即可。事实上,命运的重击就像是老天在我们久坐的臀部上踢了一脚,催促我们再次启程。就像约瑟,他以一个外人的身份进入故事的中心,然而最后却承担起保护孩子和妻子的重任。在天使的指示下,他前往埃及,并在那里逗留了一段时间。在那里,约瑟连接起犹太民族与自己民族的历史。他跋山涉水,游历了许多地方。首先是前往埃及流放,那是一个遍地是奴隶的国家。随后他逃往希望之地。在约瑟看来,真正的希望不是某个栖身之所。每天晚上,当他的妻子玛利亚在一旁休息,他怀抱婴儿的时候,约瑟在孩子的眼中看到的才是真正的希望。

必经之路

说到这里,人们不禁要问,磨难是否是成就更好自我的必经之路?"必经之路",这个短语本身就有些奇怪。所谓必经之路,就是一条需要"强制"通过的道路,所以我们"有必要"穿越这条道路。不难发现,孩子总是很容易混淆"强制"和"必要"这两个词。他们在说"有必要吗?"时,其实是想表达"是必须的吗"的意思。这时,我们常会这样修正他们的说法:"你有必要去学校上学;所以上学对你来说是必须要做的事……"事实上,在解释"必经之路"时,我想借机阐述以下观点:磨难并不具有"强制性",它不是一条强加于人们身上的严苛规则,但它却是"很有必要"的经历,因为它是构成我们人生之路上的重要环节。毋庸置疑,磨难中的每个时刻都刻骨铭心,在这种深刻的人生体验里,人们慢慢靠近各自的真理。

关于信任,其实也是一样的道理。只有在经历挫折,丢失过信任之后,才能在适当的时机重拾信任。要知道,此时建立起来的信任,也许比开始时的信任更加坚固。试想,我了解自己的儿子,他是一个非常守规矩的孩子,每天都在点心时间准时回家,我对他很信任。然而,这种信任并非一种深层次的信任。因为只有在失望或是丧失初始信任之后,才能建立起深层次的信任。

想象一下：一天，我信任的儿子没有在下午四点准时回家，而是到五点才回到家中。他没有像往常一样亲吻我，而是径直走入自己的房间，并且身上有一股烟味。自此，我丧失了对他的信任。仔细想来，我丢失的到底是什么呢？这是一种复杂的情感，虽然我此时不再相信儿子，但还是隐隐感觉到他还会像以前一样遵守规矩。当然，丧失信任的过程是痛苦的："我那么相信你！"从此以后，我将每天都去学校接他，并和那些带坏我儿子的高年级男生勇敢对视。

然而，我无法在他高考之前，天天紧盯着他。在成长的过程中，他需要按照自己的意愿，而非我的意愿行事。他可以做一切自己有能力完成的好事，也可以做一切他愿意尝试的恶事。作为父亲，我不可能一直在他身后监督他。所以，我决定凝望着他的双眼，对他说出下面这段话："你知道吗，如果你愿意的话，从今天开始，我不会再监督你，你可以开始抽烟。你可以做这件事，但你真的想做吗？这样吧，明天我不会再去学校接你。但我相信你。学会和那些高年级男生说不。他们分不清什么是勇气和莽撞，目光也非常短浅。"

这就是重塑的信任，是我和他人共同建立、创造的信任。这也是一种深层次的信任，只有在经历丧失信任的磨难之后才能获得这种复杂的确认感（当然，确认感不一定会转化成行动)。"建立信任"意味着我们让所爱之人承担相应的责任,形成互动。而"怀有信任"是一种静止的状态,与他人的自由无关。"我对他怀有信任,他一定会在我的预期中行事。"再次重申,建立信任让双方之间形成一根互相关联的纽带,虽然人们仍旧无法预料最终的结果。举例来说,我不再去学校接我的孩子,是因为我信任他(虽然我并不确定他是否值得我信任)。而我的儿子因为我对他不确定的信任,拒绝了别人递给他的香烟。是的,口头承诺几乎没有任何意义,它只是一句话,一阵随风而过的气流。违背诺言是一件非常简单的事。而正因为这是一件过于简单的事,这个年轻的男孩更愿意维系自己和他人之间脆弱的纽带,慢慢学会遵守规则,而非向当下的欲望妥协。

爱的磨难也是爱的证据

建立信任是一件需要勇气的事。因为,我事先并不知道对方许下的诺言是否会兑现。也许,一切突然都要重新来过:生气、质疑、原谅、重建信任。要知道,建立信任并不是为对方设下圈套,不是为了让他做出承诺,随后指责他违背诺言。信任是一种忠贞的誓言,人们需要足够的耐心,陪伴在对方左右,即便对方有坠落的可能。另外,信任也需要我们不急不躁，冷静不怯懦。在承受信任之重的同时，支持对方付出的一切努力。当有人第二次坠落时，真正信任他的人不会感到失望，因为他知道，为了重新站起来，对方可能尝试了九次。

毋庸置疑，在这种情况下建立起来的信任抛开了所有理想主义的教条和幻想。人们并不相信孩子永远都不犯错，也不相信爱可以摒弃所有缺点和诱惑。然而，与其悲观失望，他们更愿意将这些人性瑕疵转化成一种更加强烈的爱。这份爱不带有任何理想主义的空想。从这个意义上来讲，要想获得更加坚固的爱，磨难也许是一条必经之路，因为它早已深深印刻在人类真理之中。

所以，人们可以通过磨难揭示爱的真谛。为什么爱总让人感到痛苦？为什么这种人人都会感受到的力量（谁又能在没有爱的情况下生活呢？）能够成为最可怕的考验？因为没有其他任何一件事可以像爱一样，人们在张开双臂接受它的同时，也做好了失去它的准备。所有关于爱的故事几乎都有相同的情节。磨难为爱增添了维度、深度和密度。所有的爱都始于激情和嫉妒，然而没有一种爱可以在激情与嫉妒中维持下去，这便是爱的悲剧。

首先，爱是希望所爱之人只属于他一个人。人们常说，这是我的孩子，我的丈夫，我的情人。在爱产生之初，都会产生某种占有的欲望，这种欲望会将爱侵蚀。当然，如果没有这种欲望的话,爱也会很快消逝。每年,在各种地方报纸的"社会新闻"一栏里,人们常会读到这样的句子:"出于爱,他将她杀死。这样,她就再也不会脱离他的掌心。"如果爱没有经历过考验(就像信任没有经历过丧失信任的考验一样),爱人们就会自动忽略掉自己与所爱之人之间的相异性,于是便会产生变态的嫉妒心理。具体来说,他们会想占有对方的一切,甚至是他的思想。"亲爱的,你在想什么?——什么也没想。——这是不可能的,你不可能什么也没想。你一定在想某件事或某个人……——亲爱的,我自己都糊涂了,也许我的大脑正在休息……你怎么会糊涂呢,我刚刚才向你提问!你一定向我隐瞒了什么:你在想**谁**?肯定是这样的,你已经在精神上背叛了我……"就这样,爱的死期将至。如果人们始终在爱中保持激情的状态,那就一定会将对方变为一样没有思想,没有秘密,没有空间,没有神秘感的物品。简而言之,变成一具冰冷的躯体。

过于激情的爱,犹如跌入地狱,并不是一种愉快的人生体验。由于对爱人过度的关爱,人们有时会剥夺对方成为他者的权利。一旦达到这个程度,爱便会自我消亡,随后自我治愈。磨难让相爱的人暂时分开,是为了让他们更好地重聚。爱的磨难是否认双方相异性的结果。事实上,只有成就对方,爱才能变成一件愉悦的事。所以,母亲应该让自己深爱的儿子远行。浅显的爱会让母亲排斥孩子远离家乡,外出深造,而痛苦、曲折、深沉的爱却会让母亲鼓励孩子离开家庭的怀抱。因为我爱你,所以我希望你幸福,虽然你会因此离我而去。我为你高兴,因你而开心,在你身上才能感受到喜悦,我终于抽离了对爱人的束缚。

当然,对于两个结为夫妇的人来说,这种抽离并不完全适用。因为,这个世界上并没有百分之百的"自由"夫妻。在夫妻之间,总是或多或少地存在着嫉妒心和占有欲。如果没有这些微妙的心理活动,那么这对男女便与那些出于性欲而合租在一起的人无异(他们通常不会一起孕育孩子)。在这样的情况下,如果爱侣决定接受分离的考验,那他们首先要与激情分离,这就需要很大的耐心。然而,如果在开始的时候就与爱分离,那人们就无法共同书写爱的篇章。事实上,人们只有在相互连结中才会产生爱。如果去除了所有的激情与暴力,那我们一定没有全身心地投入这份爱,这份爱也并不完整。

情侣之间的爱是毫无保留地为对方付出一切,并热切地希望对方给予同等的回应。真正的爱情是丢弃自我,在对方身上找寻新的自我。在恋爱时,虽然自我变得贫瘠,但人们却能在对方身上丰富自我。肉体的交融是忘我地投入对方的怀抱,自我的剥离换来的是彼此拥有。这似乎已经成为爱人默认的一条行事准则:在爱中,我们都需要,甚至苛求对方的回报,拒绝承担任何风险。事实上,人们经常不愿全身心地付出,也因此而愿意接受对方的"半承诺"。在赋予对方自由权利的同时,也赋予自己自由行动的空间。换句话说,就是可以依照自己的心意行事。在这样的情况下,自然会产生不忠的可能,甚至决裂的风险。直到有一天人们幡然醒悟,意识到爱是一种具有束缚功能的承诺,明白在爱情中根本就不存在软弱无力的契约。

我因为你的缺点而爱你

在相互拥有的美好爱情中,或者说在所有关系紧密的爱侣间,没有让人无法喘息的拥抱,也没有毫无边界感的举动,只有一种潜在的趋势:我无条件地偏爱自己的所爱之人,不论对方是否给我带来惊喜,不论他更好或更坏。在狂热的爱情中,我几乎为他而生。另外,在爱情中还有一项美丽的承诺:我将一路追随所爱之人,爱他的缺点、怪癖,尤其是让他变得与众不同的特点。看到这里,人们不禁要问一个与之相关而又似乎有悖常理的问题:为什么有时人们非但不介意爱人的缺点,甚至因为对方的缺点而爱上对方?

想象一下:如果人们只是因为某人的优点(幽默、美貌、交际能力出众……)而爱上他,这说明我们并未真正爱上这个人。

布莱士·帕斯卡曾在《思想录》里说过:"如果有人因为我的判断力和记忆力而爱上我,她是真的爱我吗?爱我这个人吗?不,因为我可能会丢失这些优点,而我还是我。"是的,重疾或衰老都会带走人们的美貌、智慧或愉悦的性情,然而,却不会带走我们的爱人。关于这点,布莱士·帕斯卡以惯常的悲观态度总结道:"人们只会因为一些外来特质而爱上他人。"具体来说,这些特质并不能代表我的全部,人们完全可以在他人身上找到相同的特质。在这个世界上,难道我是唯一一个集深沉与幽默,男子气概与柔情,智慧与美貌与一身的人吗?再说,我能保证每天都以如此完美的形象示人吗?帕斯卡说过,"人们只会因为一些'外来'特质而爱上他人"。也许为了吸引所爱之人,人们假装拥有尽可能多的优点,而当脆弱、疲惫或衰老来临之时,它们又会剥去我们虚伪的外衣。所以,爱情是否只是一场幻景?磨难驱赶梦境,这是否才是残酷的现实?

从某种意义上来讲,事实确实如此。然而,这并不意味着磨难驱散美梦,同时也赶走了爱情。恰恰相反,如果对方少对我抱些幻想,那他就更有可能爱上真实的我。西蒙娜·韦伊①曾经写道:"在所有人中,我们只认可所爱之人存在的必

---

① 西蒙娜·韦伊(Simone Weil, 1909—1943),法国思想家和社会活动家。她深刻地影响着战后的欧洲思潮。其主要著作有《重负与神恩》(1952)、《哲学讲稿》(1959)、《西蒙娜·薇依读本》(1977)等。——译注

要性。"换句话说,在对方身上,那些我所欣赏的特质,只为我而存在,我之所以喜欢这些特质,是因为我从中获取的愉悦感。可是,一旦这些优秀的品质对我不再产生影响,这些优点也就不复存在了。从这个角度来说,想要真正爱上对方的方式就是不要开始爱,或者当爱情消亡后再爱,唯有如此我们才能在对方身上找到一个真实的特质。

这就是为何在爱情中忠贞从不是一个可有可无的特质。如果我爱我的妻子是因为她让我感到身心愉悦,那我爱的不是她,而是她作用在我身上的效果。在琐碎的日常生活中,我慢慢认清了她的缺点,如果我在这时离开她,那就是间接承认我只爱我自己的事实。如果有一天,我发现她的缺点超过了优点,我仍将爱她。因为她曾给我带来的美好感受,因为我对她爱的承诺。是的,爱和忠贞本来就是同一件事。我爱我的妻子,我也爱她的缺点,虽然有时也会感到失望,但我知道,只有这样我才能把她当作一个"除我之外的人"一样看待,也只有这样我才能真正走进她的世界。

抛开优点,爱上一个人?

人们不是在无视亲友缺点的情况下才爱他们(因为我们爱的是他们的优点),而是通过,或在其缺点之上试图爱上他们,这才是真正爱的考验。如果通过考验,便可证明我并不只爱我自己一个人。事实上,人们只有在磨难中才能真正完成与他人的相遇(争吵、失望、误会……),才能意识到他者真实存在(而非是我自身发出的回响)。这是唯一可以运行的客观规律,我非常认同这个观点。然而,我的妻子却总是背离这样的运行规律,让我一次一次遭受现实的重击。在这样的抗击下,我是否能够发现其他适用于她的运行规律?

我只会因为他人的缺点而爱上他。如果这个观点让你感到不适,你可以试着倒过来思考这个问题,也就是:你只因为他人的优点而爱上他。现在,请闭上眼睛,想象一下年轻时候的碧姬·芭铎①慵懒地躺在一张凌乱的床上,略带挑逗地问你:"你看到我泡在冰块里的脚吗? 它们漂亮吗?"她的双足优雅精巧,怎么会不"漂亮"呢?"还有我的脚踝,你喜欢它们吗?"怎么可能不喜欢呢?"那我的大腿呢?"当然!"还有我的乳房,你喜欢吗? 你更偏爱哪一个部位,是我的乳房还是乳头呢?"如果你是一个男人,一定会回答:两者都喜欢。"那我的脸庞呢?"当然,你脸庞上所有的组成部分:嘴唇、眼睛、鼻子、耳朵……碧姬·芭铎总结道:"所以,你喜欢我的一切吗?"

---

① 碧姬·芭铎(Brigitte Bardot),1934 年 9 月 28 日出生于巴黎,法国著名演员、歌手、模特。主要作品有《上帝创造女人》《穿比基尼的姑娘》等。——译注

这是让-吕克·戈达尔①执导的电影《轻蔑》开场时的一个片段。法国演员米歇尔·皮寇利饰演保罗。他将这尊完美的躯体搂在怀中,对方便向他抛出以上的问题。就最后一个问题:"所以,你喜欢我的一切吗?"保罗回答道:"是的,我爱你的全部,温柔却悲剧性地爱着。"悲剧性地爱着……某人的全部。说话的人是否可以确定他爱对方身上的每一个部分?全身心地爱着一个人,直到生命最后一刻,是否意味着爱上他全部的优点?

试着对比一下一对普通老夫妇之间的对话(他们的一生也许很波折)。妻子问道:"亲爱的,告诉我,你还爱我那可怜的身体吗?"丈夫回答道:"你的身体孕育过我们的孩子,我怎么可能不珍惜呢?""谢谢你的回答!我也不知道,也许你还爱着我的灵魂?""你的灵魂?""我的意思是,我的智慧。""亲爱的,这可不是灵魂……再说,你也没有获得过诺贝尔物理奖。""如果你既不爱我的身体也不爱我的智慧,那你就是不爱我!""当然不是,我爱你,超过你所有想象……"

这位长者是否真诚?也许他认为碧姬·芭铎在《轻蔑》中所展现的身体完美无瑕。他时常对女人做决策时的怪异逻辑

---

① 让-吕克·戈达尔(Jean-Luc Godard),1930年12月3日出生于巴黎,法国著名导演、编剧、制作人。主要作品有《精疲力尽》《随心所欲》《人人为己》等。——译注

感到惊讶。也总在酒吧里和自己的老朋友一起嘲笑伴侣的缺点,甚至忘记自己爱上她的理由。然而,毫无疑问,他是爱她的。在爱她的每一天里,他都能发现她的可贵之处,那些他可以"独享"的特质。如果有一天她去世了,也将为她的丈夫留下许多专属记忆:亲密的回忆,生命中的悸动时刻,以及关于她灵魂的所有秘密。

* * *

虽然爱是生活中一件很有必要的事,但爱的理由其实并不多。爱意味一种疯癫的状态。我们需要揭开爱人理想化的外衣,让他赤身裸体地曝露在我们面前,抛开一切美好特质,认清他脆弱的本质,从而激发人们更多的柔情。简而言之,人们所要做的就是接受爱人最真实的形态。在与爱人相依相伴的时光里,我对他充满感激之情。一方面,作为一个外人,他与我紧密相连。另一方面,他却始终保持着不可得的状态。

人和山

五图寓言

5

……筋疲力尽的登山人面朝大地,倒在地上。他知道,这一次他不会再站起来。这时,来自岩石的一个声音似乎在对他说:"登山人,你翻过斜坡,越过山脊,在陡坡上频频摔倒。你也曾在我的岩洞里休憩。今天,该是你死去的时刻了。虽然你并未登上山顶,但幸运的是,你看遍了所有的风景!"

尾声

蓝色的眼神

我们该对生命投射何种眼神?

从前,在我的家乡洛林地区,有一个很贫穷的村庄。然而,村庄里的孩子却被称为是整个流域最美的孩子。

因为过于贫穷,村民们甚至都没有镜子。孩子们只有在母亲蓝色眼睛里,才知道自己是如何长大的。

如果我们一生都可以看到这样温柔的眼神该多好!同一张脸,在不同眼神的投射下,会散发出全然不同的光芒。

通常,在磨难中,人们总会将生活的一切都看得十分灰暗。很显然,这样的做法并不明智。因为生活经常遭受磨难,我们应该对生活投射一种最为温柔的眼神,就像母亲看着自己的孩子时那样。

乔治·贝尔纳诺斯①在《一个乡村教士的日记》中曾这样问道:"为什么童年的时光总是显得如此温和、闪耀?"随后,他自己回答道:"和所有人一样,孩子也有痛苦。然而,在面对痛苦和疾病时,他们却可以卸下所有防备!"由于自身的脆弱性,"童年和老年成为人生中最大的两场考验。"那么,我们对童年温柔的伤感情怀到底来自何方? 这是乔治·贝尔纳诺斯的回答:"孩子是从无能无力中感受到快乐。知道吗? 他总是向自己的母亲求助。他的现在、过去、未来乃至整个生命都存在于一个眼神中,这个眼神便是一个微笑。"

我准备就这样结束我们的磨难之旅。事实上,眼神并不只是看待事物的一种方式。如果我们用心体会,眼神还能成为"重新看护"②的方式。换句话说,"看"就是成为所见之物的守护者。我们的整个人生都应该在母亲充满爱意的蓝色眼睛中展开。正确看待自己和他人,能够让人们生活在信任之中。当我们看着所爱之人时,眼神中会散发出爱怜的光芒。在这样的眼神下,不论快乐或痛苦的事,都像是在平静天空下

---

① 乔治·贝尔纳诺斯(Georges Bernanos,1888—1948),法国小说家、评论家,其代表作有《一个乡村教士的日记》《这就是自由的法兰西》《战争文抄》等。——译注

② "看"的法语原文为"regarder",而"re-garder"又有"重新看护"之意。——译注

一样,显得宁静祥和。它不同于沉重的灰色,让人感到压抑,也不是惨淡的黑色,败坏众人的兴致,增加痛苦的程度。

阿西西的蓝色

这种能够体现生命之美的蓝色,我看到过一次。在哪里?在哪个国家?在意大利。然而,这抹蓝色并没有出现在室外的天空中,而是出现在阿西西的大教堂里。当我走入教堂时,突然被一抹蓝色包裹住。是的,包裹住,此时的颜色就像一件丝绸大衣一样光滑。这是伟大的佛罗伦萨画家乔托的作品,他沿用从6世纪或7世纪保留下来的这抹蓝色。在这种"丝滑"光芒的照射下,我仿佛看到了贝尔纳诺斯说的那种温柔眼神和慈母般的微笑,那种让孩子快乐成长的微笑。

这抹蓝色让整座教堂都浸润在一种蓝色的光晕中。事实上,蓝色来自于教堂墙上的壁画。这些壁画讲述了圣人弗朗索瓦的一生。1290年,人们要求乔托以弗朗索瓦的生平为主题作画。他为什么选用蓝色作为壁画的底色呢?因为**那些可怜的人**①众所周知,弗朗索瓦不但是鲜花和野兽的朋友,他还经常为麻风病人和乞丐提供食物。作为圣人,他的周身散发

---

① 原文为意大利语:poverello。——译注

出温柔的蓝色光晕。乔托只是将他身上这抹蓝色转移到了画作中。这样做的目的何在？为了更好地讲述这位圣人的故事,乔托借用阿西西平静、无云的天空和平潮时的浩瀚大海之色,来诠释这抹神奇的颜色。为何他会做出这样的选择呢？

在这本书的末尾,我们找到了答案:乔托的天才之处在于他看到了弗朗索瓦身上的蓝色光晕。他曾因为修士的奇装异服而被冷眼相待,也为受苦的人们留下过眼泪。然而更重要的是,他全身心地投入自己挚爱的事业中:爱每一个遇到的人。毋庸置疑,麻风病人常会让人感到恶心,人们对这群病人总是避之唯恐不及,担心自己被传染上这种可怕的疾病。可弗朗索瓦却上前拥抱、亲吻他们,就好像在说:"好了,既然我已经做了,如果我会因此得病的话,那我也做好了准备!"他就是通过这样的方式接近那些因为疾病而被整个社会排除在外的男人和女人。

事实上,这些被弗朗索瓦拥入怀抱的麻风病人就是生活本身,是阿蒂尔·兰波口中"粗糙的现实"。要知道,只要人们拥抱生活或现实,就会为自己开辟一条新的探险之路。在阿西西的壁画中,再小的细节或质朴的情景都浸润在这温柔的蓝色光晕中,如弗朗索瓦放弃家庭财产时他父亲的表情,或是穷人的游行队伍。把生活看成是蓝色的意味着在这些面孔上投射光芒,这种光芒不会照出脸部轮廓,更不会突出面部缺点。乔托在阿西西教堂的墙壁上画上这一抹蓝色,这种蓝色非常柔和,就像将天空拥入怀中一样,让所有的事情,哪怕是最微小的细节都以一种简单的美感呈现在世人面前。同时,这抹蓝色也是阿西西圣人眼神的颜色,他以柔和的目光看待世间万物。我们可以想象,当圣人在驯服一头狼的时候,亲切地叫它"狼兄弟"①,也可以想象一群鸟聆听圣人说话的情景。当然,还有那些蚯蚓。它们和麻风病人一样,除了弗朗索瓦,没有人会向它们表达爱意。

简而言之,弗朗索瓦通过自己的一生表达了本书试图通过文字想传达的内容:不论出于什么原因,我们首先要学会爱。

您有没有发现以下现象?人们总会搜肠刮肚,寻找排斥他人的理由。甚至对邻居或表兄,也会以各种理由加以轻视,总觉得自己与他们无话可说。相反,爱却不需要任何理由、借口或时机,就能够自己散发出独特的光芒。想要获得爱,人们无需任何特定条件或等待时机成熟。爱教会我们一个显而易见的道理:人们来到这个世上是为了散发光芒。

---

① 原文为意大利语:Frate lupo。——译注

附　言

　　此前提到的那则寓言到底有何含义？它想告诉我们一个什么道理？

　　攀登高峰暗示的是整个人生：人们在陡峭的山峰前感到沮丧，但这也恰恰证明我们始终在路上。毋庸置疑，人们希望永远走的是向下的山路……然而，只有在坠落时，我们才会感到一种虚假的"轻盈感"。是的，向安逸、酒精、平庸、谎言、宿命论妥协，只能获得表面的自由。不管怎样，世界上根本就不存在"自由坠落"。唯有翻越山坡，战胜磨难，穿越逆境，打败胆怯，放开自我，才能获得真正的自由。
　　然而，这并不意味着我们就不需要依靠自己的能力行事。还记得那个小裁缝的故事吗？故事中，食人魔鬼与他打赌，如果裁缝输了,他就必须离开村庄,食人魔鬼便可以吃掉所有村里的孩子。食人魔鬼说道:"我们一同抛下某物,哪个物品滚落的速度慢,谁就赢。"说罢,便爆发出一阵雷鸣般的笑声,将一块巨石推下山坡,一百多秒以后巨石才落到地上。然而,等到裁缝张开手时,却从他的手中飞出一只小鸟。

在第三段寓言中,登山者望着山峰,为自己打气。事实上,这只小鸟象征着勇气。在流汗攀登时,人们也要适当停下脚步,放松自我,去关注那些轻盈、能够让人展翅飞翔的事。对我来说,祷告、歌唱、欣赏布格罗①的画作可以帮助我战胜磨难,而非看似"积极"的压力。

寓言的结局初看有些残酷:年轻人在路上死去。值得注意的是,我们都会在路上死去。就算是那些迟暮老人,也有自己的计划和烦恼。比如与邻居或过往和解……,担心自己的外孙是否能够通过高考,或希望他可以不再抽烟。活着意味着置身于计划之中,不断孕育新的自我,*直到生命最后一刻*:这也是为何死亡终将把我们送上"一列新的火车"。

这些事实是否让人感到悲伤? 要知道,大山对登山者说的是:"幸运的是,你看遍了所有的风景!"而不是:"幸运的是,

---

① 威廉 · 阿道夫 · 布格罗(William-Adolphe Bouguereau, 1825—1905),法国著名画家。其主要代表作品有:《舞蹈》《年轻的牧羊女》《维纳斯的诞生》等。——译注

你登上了山顶!"虽然我们都会在路上死去,虽然随着我们不断靠近,山顶却渐行渐远,可我们仍旧可以在路途上欣赏美景。真正的不幸在于,人们对美景置若罔闻,从不用心观察周围的一切。他们为了看而看,为了活而活,封闭自我,就像在采摘花朵时,只为了闻一闻花香一样。

是的,这则寓言将两种看似相对的行为结合在了一起。仿佛在对我们说:"**攀登!**"和"**看风景!**"

"**攀登!**"意味着不要过度"享受生活",不要无节制地享乐、消耗这个世界。要始终认真对待生活和周围的人。

"**看风景!**"意味着生活中不能只有坚强的意志和胜负观念。因为生活不是竞赛,人的价值也不是由一家公司的人力资源部门决定的。

我们需要行动和凝望。在行动中学会凝望,凝望过后再继续行动。是的,我们需要攀登,也需要欣赏美景。要知道,登山者攀登的时间越长,耗费的精力越多,就能欣赏到更为广阔的美景。有多少人不愿冒险好好生活?又有多少人在冒险时,却忘记享受生活的美好?

从哲学的角度来看,以上观点与亚里士多德的幸福论多少有些相似之处。圣托马斯·阿奎那曾经这样解释道:亚里士多德所说的幸福并不是一种和健康、财富、爱等同的优势。相反,有了幸福才会产生其他实际的优势(健康、财富、爱……)。所以,幸福赋予这些优势以真正的意义。试想,如果我不幸福,那么富有、健康、被人爱着又有什么意义呢?幸福不是路途的终点。事实上,幸福甚至都不会出现在路上。不论上坡路还是下坡路,都有其自己的价值。幸福是一个行进的过程,是生活的乐趣。换句话说,幸福就是在人类攀登的过程中,拥抱一切事物:山峰和峭壁,山脉和幽谷,美景和树荫。

也许,幸福被放置在人们永远都无法企及的山顶,我们应当通过每天的努力一步一步靠近幸福,而不该奢望一下就抓住幸福。

继续思考的一些途径

阿兰,《写给幸福的话》(*Propos sur le bonheur*),福利奥(Folio)随笔系列,1985

一个婴儿在哭……与其责骂他,让他哭得更加厉害,不如找到扎在他臀部的安全别针。同样,如果你的生活在哭泣……与其乱了方寸,不如耐心、善意地找到痛苦的源头。

莫里斯·伯莱,《穿越困境》(*La Traversée de l'en-bas*),巴亚尔(Bayard)出版社,2013

"困境"指的是人们努力抗争却无法战胜挫折的状态(负罪感、依赖、执念、无法摆脱的怨恨……)。在这片黑暗中,只有一条出路:穿越黑暗。一部关于内心斗争的文学杰作。

雷米·布尔格,《天空中的锚》(*Les Ancres dans le ciel*),尚-弗拉马里翁(Champs-Flammarion)出版社,2013

人们之所以活着,是为了保全生命。然而,喜欢活着并不等同于热爱生活。具体来说,热爱生活意味着在任何情况下都热爱生活,并愿意将自己的生活与他人分享。这部作品就人类的未来发问,也许在不久的将来,活着也未必是件可喜的事。

吉尔伯特·基思·切斯特顿,《异教徒》(*Hérétiqus*)和《正统》(*Orthodoxie*),克利马(Climats)出版社,2010

对于切斯特顿来说,何谓"正统"？正统意味着获取世界的经验,随后将经验转化为本质。正统意味着懂得:在日常生活中,有许多超乎想象的奇特事情。何谓异教徒？就是拿着小型望远镜看待一切事情。或者说,出于犬儒主义、功利主义或悲观主义的态度,忽视过剩的现实意义。两本书都充满趣味,值得一读。

列夫·舍斯托夫,《雅典和耶路撒冷》(*Athènes et Jérusalem*),时代噪音(Le Bruit du temps)出版社,2011

作为一个典型的俄国作家,舍斯托夫反叛,忧虑……在本书中,他向我们呈现了两个截然不同的城市:雅典和耶路撒冷。两个城市在面对磨难时,也会使用截然有异的应对方式。雅典的处事哲学是理解,而耶路撒冷的行事准则则是信仰上帝,向上帝诉说自己的痛苦。这是理智和情感的对抗。雅典崇尚理性,理性意味着去人格化、稳固不变。耶路撒冷则试图感化神灵,因为它知道,哪怕是再理性的法律都无法限制神的力量。

尚塔尔·德尔索,《放弃的时代》(*L'Âge du renoncement*),雄鹿(Cerf)出版社,2011

法国女作家试图在这本书中梳理时代的标记。从基督教时代一直到现代,世界总是呈现出悲剧性的一面。渐渐地,新的智慧取代了旧的智慧,"放弃的智慧"应运而生。这种智慧的灵感来自古代哲学(尤其是斯多葛学派的思想)。在这种智慧中,"放弃"(而不是无限争论)成为新的行动口号。

艾洛·勒克莱克,《隐藏的国度》(*Le Royaume Caché*)和《穷人的智慧》(*Sagesse d'un pauvre*),布鲁韦(Desclée de Brouwer)出版社,2007

在《隐藏的国度》中,艾洛·勒克莱克讲述了被放逐的磨难,他也从这段经历中学会观察他人的磨难。在《穷人的智慧》中,作者讲述了自己的精神导师阿西西的圣方济各的一生。

在圣人生命终结之时,通过内心的波动,受到圣灵的感召,得到解脱……

马可·奥勒留,《沉思录》(*Pensées*),爱比克泰德,《手册》(*Manuel*),福利奥普吕(Folioplus)哲学丛书,由 P. 迪洛(Dulau)主编,2008 和 2009

我们在之前的章节中提到过爱比克泰德和马可·奥勒留这两位斯多葛学派代表人物。两人都深知"一起做"艺术的重要性。但实践的方式却截然不同:马可·奥勒留皇帝为了更好地掌控奴隶,让自己也变成了奴隶。相反,爱比克泰德是一个被释放的奴隶,却通过自己的努力,掌控了自己的人生。

尼采,《悲剧的诞生》(*La Naissance de la tragédie*),福利奥随笔系列,1989

毋庸置疑,在基督时代以后,尼采又将磨难和痛苦上升到一种新的高度。在他看来,世界上只存在一种恶,就是那些无关痛痒,包裹着苏格拉底学派乐观主义外衣的安慰。

迪迪埃·兰斯,《约翰·布拉德伯恩,上帝的游民》(*John Bradburne, le vagabond de Dieu*),萨尔瓦托(Salvator)出版社,2012

约翰·布拉德伯恩是一个生活在 20 世纪的人,他的一生经历了很多磨难。他做过士兵、英雄、养蜂人、诗人、神秘主义者、麻风病人捍卫者。他一直在不同的生活处境中"来回跳跃"。这个善变的绅士只担心一件事:大家心中爱的火焰燃烧得不够热烈。他的形象和另一位"怪人"班诺特·约瑟夫·拉伯十分相近。两人都是爱的狂热拥护者。小说家安德烈·杜戴勒曾为班诺特·约瑟夫·拉伯撰写过传记。

贝尔特朗·韦热里,《痛苦,追寻逝去的观感体验》(*La Souffrance, Recherche du sens perdu*),福利奥随笔系列,1997

贝尔特朗·韦热里是一个充满活力,同时又很严谨的学者。在这本书中,他列举了许多关于痛苦的言论。这些言论非常抽象,具有很强的理论性。作者试图破解这些言论可能为读者设下的各种圈套。

西蒙娜·韦伊,《上帝之爱与不幸》(*L'Amour de Dieu et le Malheur*),收录在《作品集》中,伽利玛(Gallimard)出版社,1999

哲学家以一种纯净、深刻的语调教会我们如何阅读生活。她是如何做到的?作者教会我们如何在不幸背后,发现上帝对万物的爱。阅读这本书,可以帮助读者转变观念,改变对事物的看法。痛苦就像是一个久未见面的朋友,它紧紧将我们拥入怀中,但似乎有些用力过猛。

塞缪尔·威尔斯,《即兴表演,基督教伦理戏剧》(*Improvisation, The Drama of Chirstian Ethics*),斯普克(SPCK)出版社,2004

这位英国教士是一位戏剧专家。他建议我们像阅读小说章节一样品读我们的人生。也就是说,不要拘泥于眼前的一切,而是将视野放远,这样就会发现磨难的意义。诚然,此时我们看不见磨难的意义,但随着不断变化的生活(生活就像即兴表演),它的意义一定会出现。简而言之,把每一件事都放在一个更广阔的背景下来看待。

"轻与重"文丛（已出）

01 脆弱的幸福　　　［法］茨维坦·托多罗夫 著　　孙伟红 译
02 启蒙的精神　　　［法］茨维坦·托多罗夫 著　　马利红 译
03 日常生活颂歌　　［法］茨维坦·托多罗夫 著　　曹丹红 译
04 爱的多重奏　　　［法］阿兰·巴迪欧 著　　　　邓　刚 译
05 镜中的忧郁　　　［瑞士］让·斯塔罗宾斯基 著　郭宏安 译
06 古罗马的性与权力　［法］保罗·韦纳 著　　　　谢　强 译
07 梦想的权利　　　［法］加斯东·巴什拉 著
　　　　　　　　　　　　　　　　　　杜小真　顾嘉琛 译
08 审美资本主义　　［法］奥利维耶·阿苏利 著　　黄　琰 译
09 个体的颂歌　　　［法］茨维坦·托多罗夫 著　　苗　馨 译
10 当爱冲昏头　　　［德］H·柯依瑟尔　E·舒拉克 著
　　　　　　　　　　　　　　　　　　　　　　　张存华 译
11 简单的思想　　　［法］热拉尔·马瑟 著　　　　黄　蓓 译
12 论移情问题　　　［德］艾迪特·施泰因 著　　　张浩军 译
13 重返风景　　　　［法］卡特琳·古特 著　　　　黄金菊 译
14 狄德罗与卢梭　　［英］玛丽安·霍布森 著　　　胡振明 译
15 走向绝对　　　　［法］茨维坦·托多罗夫 著　　朱　静 译

16 古希腊人是否相信他们的神话

　　　　　　　　[法]保罗·韦纳 著　　　　　张 竝 译

17 图像的生与死　　[法]雷吉斯·德布雷 著

　　　　　　　　　　　　　　　　　黄迅余　黄建华 译

18 自由的创造与理性的象征

　　　　　　　　[瑞士]让·斯塔罗宾斯基 著

　　　　　　　　　　　　　　　　　张 亘　夏 燕 译

19 伊西斯的面纱　　[法]皮埃尔·阿多 著　　　张卜天 译

20 欲望的眩晕　　　[法]奥利维耶·普里奥尔 著　方尔平 译

21 谁,在我呼喊时　　[法]克洛德·穆沙 著　　　李金佳 译

22 普鲁斯特的空间　[比利时]乔治·普莱 著　　张新木 译

23 存在的遗骸　　　[意大利]圣地亚哥·扎巴拉 著

　　　　　　　　　　　　　吴闻仪　吴晓番　刘梁剑 译

24 艺术家的责任　　[法]让·克莱尔 著

　　　　　　　　　　　　　　　　　赵苓岑　曹丹红 译

25 僭越的感觉/欲望之书

　　　　　　　　[法]白兰达·卡诺纳 著　　　袁筱一 译

26 极限体验与书写　[法]菲利浦·索莱尔斯 著　唐 珍 译

27 探求自由的古希腊 [法]雅克利娜·德·罗米伊 著

　　　　　　　　　　　　　　　　　　　　张 竝 译

28 别忘记生活　　　[法]皮埃尔·阿多 著　　　孙圣英 译

29 苏格拉底　　　　[德]君特·费格尔 著　　　杨 光 译

30 沉默的言语　　　[法]雅克·朗西埃 著　　　臧小佳 译

31	艺术为社会学带来什么	[法]娜塔莉·海因里希 著	何蒨 译
32	爱与公正	[法]保罗·利科 著	韩梅 译
33	濒危的文学	[法]茨维坦·托多罗夫 著	栾栋 译
34	图像的肉身	[法]莫罗·卡波内 著	曲晓蕊 译
35	什么是影响	[法]弗朗索瓦·鲁斯唐 著	陈卉 译
36	与蒙田共度的夏天	[法]安托万·孔帕尼翁 著	刘常津 译
37	不确定性之痛	[德]阿克塞尔·霍耐特 著	王晓升 译
38	欲望几何学	[法]勒内·基拉尔 著	罗芃 译
39	共同的生活	[法]茨维坦·托多罗夫 著	林泉喜 译
40	历史意识的维度	[法]雷蒙·阿隆 著	董子云 译
41	福柯看电影	[法]马尼利耶 扎班扬 著	谢强 译
42	古希腊思想中的柔和	[法]雅克利娜·德·罗米伊 著	陈元 译
43	哲学家的肚子	[法]米歇尔·翁弗雷 著	林泉喜 译
44	历史之名	[法]雅克·朗西埃 著	魏德骥 杨淳娴 译
45	历史的天使	[法]斯台凡·摩西 著	梁展 译
46	福柯考	[法]弗里德里克·格霍 著	何乏笔 等译
47	观察者的技术	[美]乔纳森·克拉里 著	蔡佩君 译
48	神话的智慧	[法]吕克·费希 著	曹明 译
49	隐匿的国度	[法]伊夫·博纳富瓦 著	杜蘅 译
50	艺术的客体	[英]玛丽安·霍布森 著	胡振明 译

51 十八世纪的自由　［法］菲利浦·索莱尔斯 著

　　　　　　　　　　　　　　　　唐　珍　郭海婷 译

52 罗兰·巴特的三个悖论

　　　　　　　［意］帕特里齐亚·隆巴多 著

　　　　　　　　　　　　　　　　田建国　刘　洁 译

53 什么是催眠　［法］弗朗索瓦·鲁斯唐 著

　　　　　　　　　　　　　　　　赵济鸿　孙　越 译

54 人如何书写历史　［法］保罗·韦纳 著　　韩一宇 译

55 古希腊悲剧研究　［法］雅克利娜·德·罗米伊 著

　　　　　　　　　　　　　　　　　　　　高建红 译

56 未知的湖　　［法］让-伊夫·塔迪耶 著　　田庆生 译

57 我们必须给历史分期吗

　　　　　　　［法］雅克·勒高夫 著　　　　杨嘉彦 译

58 列维纳斯　　［法］单士宏 著

　　　　　　　　　　　　姜丹丹　赵　鸣　张引弘 译

59 品味之战　　［法］菲利普·索莱尔斯 著

　　　　　　　　　　　　赵济鸿　施程辉　张　帆 译

60 德加，舞蹈，素描　［法］保尔·瓦雷里 著

　　　　　　　　　　　　　　　　杨　洁　张　慧 译

61 倾听之眼　　［法］保罗·克洛岱尔 著　　周　皓 译

62 物化　　　　［德］阿克塞尔·霍耐特 著　　罗名珍 译

图书在版编目(CIP)数据

蓝色人生 /(法)斯蒂芬斯著;杨亦雨译. --上海:
华东师范大学出版社,2019
("轻与重"文丛)
ISBN 978 - 7 - 5675 - 9945 - 1

Ⅰ.①蓝… Ⅱ.①斯…②杨… Ⅲ.①人生哲学-研
究 Ⅳ.①B821

中国版本图书馆 CIP 数据核字(2020)第 017381 号

华东师范大学出版社六点分社
企划人 倪为国

"轻与重"文丛
蓝色人生

主　　编	姜丹丹
著　　者	(法)马丁·斯蒂芬斯
译　　者	杨亦雨
责任编辑	高建红
特约审读	杨励杰
责任校对	施美均
封面设计	姚　荣

出版发行　华东师范大学出版社
社　　址　上海市中山北路 3663 号　邮编　200062
网　　址　www.ecnupress.com.cn
电　　话　021 - 60821666　行政传真　021 - 62572105
客服电话　021 - 62865537
门市(邮购)电话　021 - 62869887
地　　址　上海市中山北路 3663 号华东师范大学校内先锋路口
网　　店　http://hdsdcbs.tmall.com/

印 刷 者　上海盛隆印务有限公司
开　　本　787×1092　1/32
印　　张　6.75
字　　数　80 千字
版　　次　2020 年 8 月第 1 版
印　　次　2020 年 8 月第 1 次
书　　号　ISBN 978 - 7 - 5675 - 9945 - 1
定　　价　48.00 元

出 版 人　王　焰

(如发现本版图书有印订质量问题,请寄回本社客服中心调换或电话 021 - 62865537 联系)

LA VIE EN BLEU
by Martin Steffens
Copyright © Marabout(Hachette Livre), Paris, 2014
Simplified Chinese edition published through Dakai Agency Limited
Simplified Chinese Translation Copyright © 2020 by East China Normal University Press Ltd.
ALL RIGHTS RESERVED.
上海市版权局著作权合同登记　图字:09-2017-508号